科普故事+健康知识+诗意语言=带孩子们探索细菌的世界

蚂蚁大王

高士其科普故事 发现细菌的世界

高士其◎著　高志其◎主编

朝華出版社
BLOSSOM PRESS

图书在版编目（CIP）数据

　　高士其科普故事. 蚂蚁大王 / 高士其著. -- 北京 :
朝华出版社，2018.2
　　（发现细菌的世界 / 高志其主编）
　　ISBN 978-7-5054-4088-3

　　Ⅰ. ①高… Ⅱ. ①高… Ⅲ. ①细菌－少儿读物 Ⅳ.
① Q939.1-49

　　中国版本图书馆 CIP 数据核字 (2017) 第 217206 号

高士其科普故事——蚂蚁大王

作　　者　高士其
主　　编　高志其

选题策划　北京良石嘉业文化发展有限公司
责任编辑　胡　泊
责任印制　张文东　陆竞赢
封面设计　孙希前

出版发行　朝华出版社
社　　址　北京市西城区百万庄大街 24 号　　　　邮政编码　100037
订购电话　(010) 68996050　68996618
传　　真　(010) 88415258（发行部）
联系版权　j-yn@163.com
网　　址　http://zhcb.cipg.org.cn
印　　刷　三河市天功达印刷有限公司
经　　销　全国新华书店
开　　本　145mm×210mm　1/32　　　　　　　字　　数　118 千字
印　　张　6.75
版　　次　2018 年 2 月第 1 版　2018 年 2 月第 1 次印刷
装　　别　平
书　　号　ISBN 978-7-5054-4088-3
定　　价　28.00 元

1930年，高士其从美国留学归来

许多怪物是其心脏已在跳动,即用仪器作我种实验我们获得实验的结果而狗的生命是被犠牲了在病理学那一层大部代都是关于癌症和瘤瘤我们看到了都许关于这方面的病理標本,都是非常难看的

其他关于病理方面的知识,如笑笑血壓心臟半身隨小人都是笑笑有小害給我的偏健身一位女同学,她的給黄

作者手迹

让孩子们插上科学幻想的翅膀

——首都庆祝"六一"国际儿童节报告会发言

鲁迅说：科学家不大会做文章，

有做的也过于高深。

又说：孩子们是祖国的未来，

科学的希望，

科学家是祖国的珍宝，

科学的财富。

科学家应该和文学家合作，

写出更多更好的科学文艺作品，

培养孩子们对科学的兴趣，

培养他们的幻想能力。

让他们插上金色的幻想翅膀，

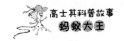

飞越茫茫宇宙，

飞越时间空间，

飞向太空登上月宫，

然后飞向更遥远的星星，

让他们从小树立远大的理想，

长大登攀科学的高峰。

看呀，

科学幻想展开神奇的双翼，

在祖国大地上空飞巡：

来到农村，孩子们早已思念，

幻想那无人驾驶的铁牛，

为农业现代化作出贡献；

来到工矿，孩子们双手欢迎，

电子计算机不停地运转，

发光的产品如浪花般涌现；

来到部队，孩子们用心思索，

为保卫神圣的祖国，

应该把大炮装上电视——千里眼；

来到城市，孩子们列队致敬，

是你启发他们从小立志，

把探索的目光投向无限苍穹……

呵，无数启发，无数思索，

无数幻想，无数创造，

你为科学赢得不少美誉，

你为"四化"立下汗马功劳，

幻想——科学的幻想，

这是孩子们的神圣领地。

在这里，科学家和文学家，

要帮助孩子们创作，

机器人、计算机，

电声乐器、电子玩具；

教会他们动脑筋，想办法，

让他们自己动手动脑，

学会他们在课堂上学不到的东西；

启发他们联系实际，

深入观察社会，

观察世界，

观察陆地，

观察海洋，

观察天空。

这是科学家的职责，

也是文学家的义务。

让我们携手合作，

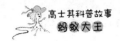
为孩子们写出更多更好的作品——

让孩子们插上科学幻想的翅膀，

让科学文艺为"四化"创立奇功！

值此"六一"节来临之日，

让我向孩子们表示祝贺。

也向你们辛勤的园丁，

致以最最崇高的敬礼！

高士其

1981年5月19日

高士其及其作品名家评介

高士其同志是一位优秀的作家。他以诗人的情怀和笔墨，为少年儿童写出许多流畅动人的科学诗文，这在儿童文学作者中是难能可贵的。

使我尤其敬佩的是他以伤残之身数十年如一日坚持不懈地为少年儿童写作，若不是有一颗热爱儿童的心和惊人的毅力，是办不到的。我希望亲爱的小读者们，在读到这本书时能够体会并且记住这一点。

——著名儿童文学作家、中国作家协会名誉主席　冰心

半个多世纪以来，高士其在全身瘫痪的情况下致力于把科学交给人民的工作。在一个十二亿人口的国家普及科学，以坚忍不拔的毅力和精神领导中华民族走向科学。这在古今中外的历史上都是极为罕见和激动人心的。高士其不仅是中华民族的骄傲，而且是人类世界的光荣。

——著名医学科学家、中国科学院院士　吴阶平

高士其早年因从事科学实验而身体受残，但他却以惊人的毅力克服重重困难，毕生从事把科学交给人民和教育青少年的工作。为此他整整奋斗了六十年，撰写了数百万字的作品和论文。他的著作闪耀着自强不息的光辉，是对青少年进行科学思想教育的好教材。

　　　　　——第十届全国人大常委会副委员长　傅铁山

　　高士其从23岁开始到83岁离开人间，一直瘫痪在轮椅上为人类的和平幸福与科学传播孜孜不倦地奋斗了60年，创造了难以置信的生命奇迹。

　　高士其作为一个残疾人，奋不顾身地为科学、真理献身，无私、无保留地为社会服务与奉献，是令人十分感泣的。正因为这样，高士其的名字在中国人民和亿万青少年中具有强烈的影响和感召力。

　　　　　——第九届全国政协副主席　王文元

　　高士其同志能把深奥的科学知识化成生动有趣的故事。在他的作品里，细菌跃然纸上，同人说长道短，说明着自身的利弊；白血球在他的笔尖上英勇杀敌；他把土壤亲切地比喻为妈妈，"我们的土壤妈妈是地球工厂的女工"；他把终日与我们相伴的时间称为"时间伯伯"，要我们"一寸光阴一寸金"地去珍惜它……

　　细菌，白血球，土壤，时间……在高士其同志的笔下，都变成了一个个有血有肉、栩栩如生的精灵，都变成了摸得着、看得见、听得见的"人物"，在与我们发生着联系。

——卫生部原部长　钱信忠

高士其同志是一位著名的科普读物作家，他在身体遭受疾病的摧残下，写出了不少很好的科普作品，受到了广大读者的欢迎。

——著名经济学家、中国社会科学院顾问　于光远

高士其对细菌的描写是那样的生动，形象，使得我和很多青年在读了他的作品后，便对科学产生了浓厚的兴趣。我后来所从事生物学的研究，应该说是离不开高士其老先生的启蒙、引导。

——著名生物学科学家、中国农业大学原校长　陈章良

高士其的科学小品以细菌学为主，但是常常广征博引，涉及整个自然科学。尽管他自称他的科学小品是"点心"，是一碗"小馄饨"，实际上却是富有知识营养的"点心""小馄饨"。他的一篇科学小品只有千把字，读者花片刻时间便可读完，然而在这片刻之间，却领略了科学世界的绮丽风光。

——著名科普文艺作家　叶永烈

用传奇的一生谱写科学篇章

不论就"人"来说，还是就"文"来说，他都不愧为我们的时代楷模。他是中国的保尔·柯察金，是一位"患病不病"的战士。

他被称作"中国的霍金"，"被病魔囚禁在椅子上"几十年，却在用心血著述，以生命创作。

他是第一位奔赴延安的红色科学家。

他，代表科普。

这是中国科普界对他的评价。

他，就是科学家高士其，也是我的父亲。

受家庭环境的影响，高士其小时候就喜欢自然科学。那时候的他就知道，世界上除了猫、狗、牛、羊之类的动物和花、草、稻、麦之类的植物，还有许多生物，其中绝大多

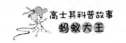
数个体是肉眼看不见的小家伙，叫微生物，而且对于人类来说，微生物也有好坏之分。

带着这种浓厚的兴趣，高士其从清华留美预备学校毕业后，进入美国威斯康星大学化学系，后入芝加哥大学医学院细菌学系。他认为，科学实验也是一个战场，会有人受伤，也会有人牺牲。为此，他经常吞食食物毒细菌进行自身感染的试验。一次，在美国芝加哥大学医学院做实验时，病毒进入了他的小脑，破坏了小脑的中枢运动神经。那年，他才23岁，正是意气风发之时。但他没有屈从于命运的恐吓，带病毅然读完了全部的博士课程。后来，他的病情不断发展，以致全身瘫痪。

学成归国后，在陶行知、李公朴的影响下，高士其开始进行科学作品创作，在与病魔的不断抗争中为我们留下了三百万字以上的科学小品、科学童话故事、科学诗、科学论文等多种形式的科普文章，真正举起了"把科学交给人民"的旗帜。

高士其的作品，把科学与文学有机地融合在一起，语言生动、活泼，文字朴素、清新，在向读者传播深奥的科学知识的同时也让读者感受到了文学的美。尤其是他的科学诗，在科普界是不多见的。著名科普文艺作家叶永烈说："诗是浪漫的，科学是严谨的，它们之间像油和水一样格格不入，然而高士其却独辟蹊径，把诗与科学共冶于一炉，使诗与科学水乳交融，创作了别具一格的诗篇——科学诗。这大抵是由于写科学诗，既要懂得科学，又要懂得诗；科学家不少，诗人也不少，而兼懂科学和诗的人却不多。高士其可算是科学诗创作上一个最努力、最有成就的作家。"

高士其的作品，读者很多，从黄发稚子到皓首长者，都是他的读者——因为他擅长把艰深的科学道理明明白白地讲出来，讲得引人入胜，像《一千零一夜》一般动听。中国科学院院士林巧稚这样评价高士其的作品："高士其有一颗童子之心，这是难能可贵的。带着这样一颗心，他忖度青少年的所思所想，又站在科学和长者的高度以经验教育后辈，无论多么艰涩的内容，他都能处理得通俗易懂。他与青少年息息相通、心心相印，但他的作品不只是写给青少年的，而是写给所有人的，因为我们成人读他的作品，会觉得自己年轻了，会觉得自己拥有了一颗童子之心。"

高士其的作品，除了写细菌、病毒，还有流行性疾病之外，还包括衣食住行，生活习惯、生活方式等，以及由公共卫生所涉及的自然、社会平衡、环境保护等领域，是我国在关于微生物、细菌、病毒、流行性疾病及公共卫生学方面的权威性医学科普著作。大半个世纪过去了，他的作品中的基本原理与精义对于我们的时代依然具有启示性的指导意义和作用。

一个几十年来饱受疾病之苦的瘦弱之躯，哪里来的这

3

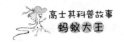
么大的能量？怎么就能取得如此辉煌的成就？这是不少人
的疑问。

其实，高士其能将精神的力量和光芒挥洒到极致，把自
己的一生过得如此耀眼，并不是偶然的，而是有根源的。这
首先要归功于高士其幼年时的家庭教育。高士其出身于书香
门第，家学渊博，从小就在祖父的带领下阅读了《三字经》
《百家姓》《千字文》《幼学琼林》《增广贤文》，以及儒
家经典《大学》与《中庸》。古老的《易经》也伴随着他长
大。所以，儒家的"先天下之忧而忧，后天下之乐而乐"，
道家的"仙贵惠生，度众无量，绝嗜去欲，以葆全真"，还
有佛家的"地狱不空，誓不成佛，众生度尽，方证菩提"，
这些思想与精神都深深地印在了高士其幼小的心灵之中，也
成为他遭受厄难之后的支撑。

高士其在人生的不同时期为自己树立的格言，也为他的
一生提供了无穷的力量：

少年时期："天行健，君子以自强不息；地势坤，君子
以厚德载物。"这句格言激励了他的一生。

青年时期："去掉人旁不做官，去掉金旁不要钱。"高
士其原名高仕鎮，后来改名高士其。他说："丢了'人'旁
不做官，丢了'金'旁不要钱。"他果真这样走过了艰难而
漫长的一生。在这"官"念深重、物欲横流的世界，他真可

称得上"出淤泥而不染"。他的心纯净得像一颗水晶。

中年时期:"把科学交给人民。"这也是他一生的写照。

晚年时期:"我能做的是有限的,我想做的是无穷的,有生之年一息尚存,当使有限向无穷延伸。"高士其的无尽愿心,昭示着他所从事的科普事业,正为千百万人所继承、发扬与光大。

这四个时期的格言激励着高士其不断学习、顽强创作,让他把一生献给了科学与人民。

高士其离开人世时,留下的"遗产"是少先队员们送给他的上千条红领巾。人们在花圈上留下这样的挽联给他送行:继承您的遗志,把科学交给人民。

高志其
二〇一七年润四月于北京

编辑说明

高士其的作品，阐述的是现代科学，但闪耀的是古典文学的美，因为许多词都源于古典文学而被天衣无缝地镶嵌进去，并融于一体。正因为如此，他的作品自20世纪30年代开始打动了无数青少年的心灵，故而被称为科学童话、文学经典，亦由此而被公认为科普经典与成才宝库。

经典之所以为经典，必有它的精妙之处。高士其作品的精妙之处就在于中西合璧、古今合璧、雅俗合璧。这不仅体现在它的宗教精神、文化传统、科学内容与哲学思想上，也体现在一章一节的遣词造句之中。

但阅读本书时，有的读者会发现这样的问题，如文中将"做"写成"作"、将"吧"写成"罢"、"的"与"地"混用等，还有一些生僻字。这其实是"时代的语境"。每一个时代都有其用字用词的规范，尤其是五四运动前后，新文化与旧文化、新文学与旧文学交替变革之间更是如此。所以，作者在他所处的那个年代进行创作，某些字词的习惯用法无疑会和现在有一定的差异，因为语言是随着社会生活的变化而发展的。而这也给现代读者特别是中小学生们带来了另一种阅读的体验，正如大家阅读鲁迅先生和朱自清先生的散文、杂文和小说时会有这样的体验一样。

作者在写作过程中还大量运用了拟人和比喻的方式，对细菌、病毒也常常以"他"而非"它"称呼，对霍乱先生也不加引号，目的就是使读者感觉与这些小生物更为接近，与他们进行完全平等的对话。

所以，我们在编辑本书的过程中，最大限度地保留了作品的原貌：文风保持原有韵味，语言保持20世纪30年代的风格，能不改的地方不改，可改可不改的地方不改，只对个别篇章中带有鲜明时代特色且易引起歧义的语言做了删减。不过，为了给青少年创造更为流畅的阅读体验，我们对作者那个时代的一些用语及随着时代进步而发生变化的知识做了注释，另将原文中的繁体字和异体字统一改成了规范文字（如"麴"为异体字，改为"曲"），以便读者更好地理解并享受阅读的过程。

为了激发读者的阅读兴趣，帮助读者更加顺畅地阅读，我们还在每篇开篇之前写了一个简短的导读，读者可以带着疑问阅读，增加阅读过程中的乐趣。每篇之后的"成长启示"，不仅是对该篇的总结，还具有一定的启迪意义。我们还对每篇最精彩的片段用区别于正文的字体和格式进行了标注，以引起读者注意，方便读者轻松赏析。

由于作者的作品是近现代的散文诗，是科学与文学的完美结合，能够令人兴趣盎然而一气阅读，不忍释手。这是所有读过高士其作品的人的共同感受。这一点，读者不可不知也！

前　言

　　"蚂蚁大王"，看到这个名字，你肯定首先会想到动物界的大力士——蚂蚁，而且是蚂蚁中的首领。你一定还会想，这本书讲的是不是蚂蚁的故事呢？其实你这么想并没有错，虽然这本书讲的是细菌的故事，但这个名字却与蚂蚁有关。这还得从我们童年时玩的一种游戏——斗指戏说起。玩斗指戏时，大拇指代表大王，食指代表鸡，小指代表蚂蚁。大王吃鸡，鸡啄蚂蚁，蚂蚁侵蚀大王。这虽然是孩子们玩的游戏，却隐约地反映出生物吃的基本循环——动物吃植物，植物吃细菌，细菌又反过来吃动物。由此，细菌便是"蚂蚁"，植物便是"鸡"，动物便是"大王"。这里的动物一般指人。我们觉得，取名"蚂蚁大王"，既有趣味性，又能引人入胜，还能反映细菌与人的关系。现在，你应该明白我们为什么给本书取名"蚂蚁大王"了吧。事实上，作者当初写完这些科学小品后，也想给这个集子取名"蚂蚁大王"，他还为这个集子写了篇序——

　　大王这称呼老了，然而现在我却又拿来做这本书的招牌。是山里的大王么？是庙里的大王么？还是朝堂上的大王呢？

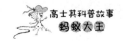
不，我决不单指哪一个。

我泛泛地指着地球上会装腔作势摇摇摆摆的那一群。

蚂蚁呢？它一向是给人看不起的。为的身子小，然而现在竟有比它还要小的一大众。小到连蚂蚁的眼睛都看它不见。大王更不必说了。然而它却时时要压倒大王的架子。

在大王没有认识它之前，我权借蚂蚁的名字租给它。

大王一没落，蚂蚁就抬头了。

现在蚂蚁爬在大王的头上，弱小者都起来了！

这种话不要说多了。说多了，要给秦始皇拿去烧！

那么别的话，我也不说了。

不过，我该声明一下，这集子中有一篇"大王，鸡，蚂蚁"。然而"鸡"我并没有写到，因此轻轻地放走了它，单剩下大王和蚂蚁这一对冤家。

本书以"蚂蚁"和"大王"为主角，为读者介绍了细菌的衣食住行、细菌的形态、细菌的祖宗与细菌的功劳等，还讲述了人一生所要经历的阶段、生活中会遇到的难为情的事情，以及什么是色盲、耳鼓、气味、吃苦、清洁的标准等。同时，作者还给我们介绍了生物界的捣乱分子——病，也将肺痨、鼠疫、白喉、虎烈拉、癫病、疟疾、生痰、癌症等疾病带给人类的痛苦和灾难展现得一览无余。

要想知道更多"蚂蚁"与"大王"的故事，那就赶快翻开书去了解吧。

目 录
Contents

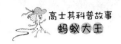

01　细菌与人

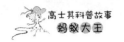

到细菌世界去旅行

到细菌世界去旅行？没听说过有谁去过呀。错了，还真有人去过。这些人当然是科学先生了。不过，细菌世界是我们用肉眼所看不到的，更别说置身其中了，但是科学先生总是有办法的，他们通过显微镜，把细菌世界转了个遍。

到肉眼看不见的细菌世界去作一次探险的旅行，是一件非常有趣味的事。成千成万的医药卫生工作者，都曾经作过这样的旅行。

我们要有一架高倍的显微镜，才可以到细菌世界去。在各大医院里、各大学校里、各微生物学研究所里，都有这样的显微镜。

第一个到细菌世界去的探险家是列文·虎克。他是荷兰德尔夫市市政府的看门老工人，又是一位制造显微镜的能手，生平惟一的嗜好就是制造显微镜。他造了200多架显微镜，想在显微镜下面，发现各种小东西的秘密。有一天，他在他自己嘴里的齿垢中发现了细菌，他惊奇地叫道："这些微生物真小呀！小到比我们的头发尖，比最小的沙粒，比跳蚤的眼睛还要小好几百倍。"有一天早上，他喝了一杯热咖啡，把嘴里的细菌都烫死了。那一次，他再也找不到细菌的影子，他很失望地说："我的小生物失踪了。"

这消息传出以后，引起了欧洲科学界的极大注意，大家都传为奇谈。但是没有人想到，这些细菌会有什么了不起的作用。

这是17世纪的事。

过了两个世纪，细菌探险家巴斯德为了研究葡萄酒和啤酒的毛病，他发现，如果有一种外来的细菌跑到酒桶里繁殖起来，酒就会变臭，变酸。后来他研究蚕的病、母鸡的病和小羊的病，都发现有细菌在这些动物的身体里面捣鬼。于是他就宣布这些细菌为传染疾病的罪犯。

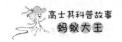
同时，另外一位细菌探险家柯赫发明了检查细菌的染色法，将细菌的身体染上蓝的、红的、紫的各种颜色，使它们能更明显地现出原形来。他又发明了各种培养细菌的方法，将细菌关在玻璃管、玻璃瓶和玻璃碟里面，用各种液体和固体的食品喂它们，作为研究的材料。他又拿小白鼠、天竺鼠、小兔、小猫、小猴儿等动物，作细菌的试验品。到细菌世界去旅行探险的技术和装备，一天比一天进步了；去探险的人，也一天比一天多起来了。

1952年8月

成长启示······微微地闭上一只眼睛，用另一只眼睛观察显微镜下细菌的世界，一定是件非常有趣的事，你肯定特别感兴趣。而要看出其中的奥秘，必要的文化知识和专业知识是必不可少的。现在，先用知识武装自己，将来才可能实现今天的愿望。

细菌学的第一课

语文的第一课，数学的第一课，我们都经历过，可是细菌学的第一课，绝大多数人没有经历过。好奇的话，我们就随作者去上细菌学的第一课吧！

《读书生活》的编者要我写一篇生活记录。我想一想，我过去生活，自己以为最值得写出来的，还是在美国芝加哥大学研究细菌学的那几年。但是若都把它记录出来，要成一部书。所以只拣出第一天上细菌学的第一课时的情景，一一追述，比较浅显而易见，使读书好像也站在课堂和实验室的门口，或踮着脚尖儿站在玻璃窗前面，望望里面，看看有什么好看，听听讲些什么，也不至于白费这一刻读书工夫罢

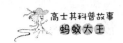

了。关于细菌学，我已在《读书生活》第二卷第二期起，写过一篇《细菌的衣食住行》。此后仍要陆续用浅显有趣的文字，将这一门神秘奥妙的科学，化装起来，不，裸体起来，使它变成不是专家的奇货，而是大众读者的点心兼补品了。细菌学的常识的确是有益于卫生的补品，不过要装潢美雅，价钱便宜，而又携带轻便，大众才能吃，才肯吃，才高兴吃，不然不是买不起，就是吃了要头痛胃痛呀！

立克馆在芝加哥大学，是美国最老的细菌学府，是人类和恶菌斗争的一个总参谋机关。

1926年的夏天，那天我正在立克馆第七号教室，上细菌学的第一课，同班只有两个美国哥儿，两个美国小姐，一个卷发厚唇的美洲黑人，连我共6人。大家都怀着新奇的希望，怀着电影观众紧张的心理，心里痒痒地等候着铃声。铃声初罢①，一位戴白金丝眼镜的人，穿着白色医生制服，踏着大学教授的步子进来了，手里还抱着一大包棉花。

"细菌学是一个新生的科学婴孩呀……250年以前有一位列文·虎克先生，列文·虎克先生是荷兰人呀，他顶会造显微镜，他造的显微镜比别人都好呀……巴斯德先生看见一个法国小孩子被疯狗咬了，心里很难过……柯赫先生发现了结核杆菌，德国的民众都欢天喜地，全欧洲都庆贺他，全世

---

① 刚刚停下来。

界都感激他……现在日本有一位野口博士亲自到非洲去，得了黄热病，就拿自己的血来试验……我们立克馆的馆长——左当博士也是一个细菌学的巨头，没有他和他的同事的努力，巴拿马运河是建不成功的呀；没有他，芝加哥的水仍会吃人的呀……"他娓娓动人地说了一大篇。

"现在我要教你们做棉花塞。"他一边解开棉花一边换一个音调继续说。"棉花塞虽是小技，用途很大，我们所以能寻出种种病原菌，它的功劳就不小，初学细菌学的人第一件要先学做棉花塞。原来棉花有两种：一种好比海绵，见了水就淋淋漓漓的湿做一团；一种好比油布，沾一点水不至全湿。我们要用第二种。拿一些这种不透水的棉花，捏做一丸，塞进玻璃管便可划分成了内外两个世界，七分塞进里面，不松不紧，外界的细菌不得进去，内界的细菌不得出来。若把内界的细菌用热杀尽，内存的食品就永远不臭不坏。"说到这里他将棉花分给我们6个人各自练习。此时窗外热气腾腾，窗内热汗滴滴，我一面试做棉花塞，一面品味白衣教授的话。

我们每人都塞满了一篮的玻璃瓶试管了。接着他就吩咐我们每人都去领一只显微镜，再到第十四号实验室里会齐。

我刚从仪器储藏室的小柜台口领到一件沉重的暗黄色木箱子，一手提嫌太重，两手提嫌太笨，后来还是两手分工

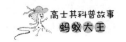

轮流着提。回到了立克馆，出了一身汗，进了第十四号实验室，看到同班人都穿了白色制服，坐在那长长的黑漆的试验桌前面，有的头在俯着看，有的手在不停地擦拭，每一位桌上都装有一个电灯和一个自来水龙头。我也穿了白衣，打开我的木箱子，取出一件黑色古董，恭恭敬敬地把它放在桌上。

这时候进来了一个矮胖子，神气不似教授，模样不似学生，也穿着白色制服，手里捧着一个铁丝篮，篮里装满了有棉花塞的玻璃试管，跟着他的后面的就是那位白衣教授。

我也不顾他们了，醉心地玩弄我的黑色古董。那黑色古董，远看有点像高射炮，近看以为是新式西洋镜。上面有一个圆形的抽筒可以升降；中间有一个方形的镜台可以前后摇摆左右转动；下面是一个铁蹄似的座脚，全身上下大大小小共有六七个镜头；看起来比西洋镜有趣多了。忽然从我的左肩背后伸过来一双毛手，两指间夹着一个有棉花塞的试管，盛着半管的黄汗。

"请你抽出一点涂在玻璃片上，放在镜台上看罢。"这是白衣教授的声音，于是我就照着他所指导的法子，一步一步地去做。

"这是像一串一串的黑珠呀。"我用左眼，又用了右眼，一边看一边说。

"我看的这一种像葡萄呀。"一位鹰鼻子美国哥儿的声音。

"我所看的像钓鱼的竹竿。"黑人说。

"这有点像马铃薯呀。"那位金黄头发的小姐说。

"我的上帝呀！这像什么呢？"我隔壁那位戴眼镜的美国哥儿忽然立起来对我说，"密司脱高，请你看看，这一种细菌东歪西斜不是很像中国字吗？"

"这倒像你们西洋人偶尔学写中国字所写的样子哩，我们中国字是方方正正没有那么歪歪斜斜呀。"我看了一看就笑着说。

还有一位美国小姐没有作声，忽然啪嚓一声她的玻璃片

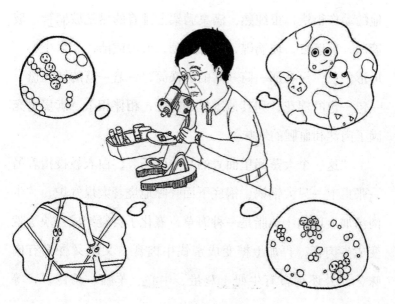

碎了。于是白衣教授就走近她的位子郑重地说："我们用显微镜来观察细菌的时候，要先将那抽筒转到最下面至与玻璃片将接触为止，然后，在看的时候，慢慢地由低升高，切不可由高降低，牢记这一点道理，玻璃片就不至于破碎，镜头也不至于损坏了。"

那位小姐点着头，红着脸，默默地收拾残碎的玻璃片。

看过了细菌，白衣教授又领了我们6人出了实验室，走不到几步便闻见一阵烂肉的臭气，夹着一种厨房的气味，刚推开第十八号的一扇门，那位矮胖子又出现了，正坐在那大大长长粗粗的黑桌子旁边，左手里握着4只玻璃试管，右手的大二两指捏着长圆形的玻璃漏器下面的夹子，一捏一捏的，黄黄的肉汁，就从漏器中泻到那一只一只的试管里面。他的动作很快，很纯熟，满桌满架上排着的尽是玻璃管，玻璃瓶，玻璃缸，玻璃碟，或空或满，或污或洁，大大小小，形形色色，更有那一筒一筒的圆铁筒，一篮一篮的铁丝篮，一包一包的棉花，和其他零星的物件，相伴相杂。满房里充满了肉汁和血腥的气味。

"这一个大蒸锅里面煮的是牛肉汤"，白衣教授指着另一张桌上一只大铜锅，锅底下面呼呼地烧着大煤气炉，"牛肉汤加上琼脂（琼脂是一种海草，煮化了会凝结成一块）就变成牛肉膏，再加上糖变成蜜饯牛肉膏，又甜又香又有肉味，此外还预备有牛奶、鸡蛋、牛心、羊脑、马铃薯，等等，这些都是上等补品。我们天天请客，请的是各处来的细菌，细菌吃得又胖又美，就可以供我们玩弄，供我们试验了……"

他没有说完，在他背后那个角落上，我又发现了一个新奇庞大长圆形横卧在铁架上的一个黄铁筒，仿佛像火车头一般，上面没有那突出的烟筒和汽笛，但有一个气压表、一个寒暑针、一个放气管插在上面，筒口有圆圆的门盖，半开半闭，里面露出一只装满了玻璃试管的铁丝篮。后来他告诉我们这是"热压杀菌器"，用高压力的蒸汽去杀尽细菌。

他推开后面那一扇门，让我们一个个踏进去。不得了，这里有动物的臭气腥味冲进鼻子里。一阵猫的尿气，一阵老鼠的屎味，一阵兔毛拌干草的气味，若不是还有一阵臭药水的味，鼻子就要不通气了。这里有更多更大的铁丝篮，整齐地分为两旁，一层一层一格一格地排着，每篮都有号数。篮中的动物看见我们走近，兔子就缩头缩耳地往后退却，猴儿就张着眼睛上下眺望，猫儿就伸出爪，小白老鼠东窜西窜，还有那些半像猪半像鼠的天竺鼠正吃萝卜不睬我们哩。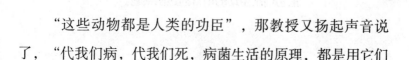

"这些动物都是人类的功臣"，那教授又扬起声音说了，"代我们病，代我们死，病菌生活的原理，都是用它们

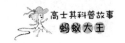

来查的啊。我们天天忙着，不是山羊抽血，就是豚鼠打针，不是老鼠毒杀，就是兔子病死，不是猫儿开刀，就是猴子灌药，手段未免过辣，成效却非常伟大，现代医学的进步不知牺牲了多少这些小畜生啊！……"

他说完了，又引我们看了后面的羊场。一只大母羊三只小山羊见了我们拔腿就跑。

出来我们又参观了冰箱和暖室，他又指示我们每人的仪器柜和衣服柜，我们就把木箱子的古董锁在仪器柜里面，脱了白衣锁在衣服柜里面。此时，开始时的臭味腥气都被新奇的幻想所冲散了。

出了立克馆就是爱丽斯街，街上来来往往都是高鼻子的男女学生，唱着歌儿，呼着哈罗，说说笑笑，嘻嘻哈哈的，夹着书本，迈着大步走。我也夹杂在其间，心里在微微地笑，一步一步都欣然自得，像哥伦布发现了新大陆。

成长启示……读了作者上的细菌学的第一课，你是不是感觉挺有意思的？其实，你也经历过很多有意思的第一次，它们不仅是课堂上的第一课，也可以是第一次旅行、第一次社会实践、第一次看3D电影等。回想一下，把它们用生动的语言描述出来吧。

大王，鸡，蚂蚁

乍看题目，对鸡和蚂蚁似乎看明白了，就是两种常见的动物。但是，故事中讲的是动物界活生生的鸡和蚂蚁吗？大王又是指谁呢？它们之间到底有什么关系呢？也许它们只是你玩儿的游戏中的角色，也许它们另有所指。想知道真相，我们就和作者一起去探寻吧。

晚间无事，看见窗外一钩新月挂在柳树枝头，引起了我童年的回忆，想起在故乡家中和我姊姊二人坐在月下石阶上斗指戏的乐景。这斗指戏用三个指头，大拇指、食指和小指。大拇指是大王，食指是鸡，小指是蚂蚁。大王吃鸡，鸡

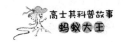

啄蚂蚁，蚂蚁虽小，能慢慢地侵蚀大王。斗的时候，两人都伸出这三个指头，若我的大王先食你的鸡，你的蚂蚁食我大王，我的鸡又食了你的蚂蚁，结局，我还有一蚂蚁能食你所剩下的大王，你就输了。若我的大王食你的鸡，你的大王也食我的鸡，我的蚂蚁食你的大王，你的蚂蚁也食我的大王，结局，两人都剩下蚂蚁，就不分输赢了。这虽是孩子的游戏，却隐约地表现出生物吃的循环的大势来，与现今我们所知道的自然界循环原理暗合。

我们现在知道，动物（人也在内）依植物为生，植物（细菌除外①）依细菌为生，细菌又依动物为生。简单点说，就是动物吃植物，植物吃细菌，细菌又转过来吃动物，不过有些动物贪肉食而去吃其同类，有些细菌好异味连植物也要吃。这样看来，细菌便是"蚂蚁"，植物便是"鸡"，动物却是"大王"了。

何以见得？

动物的生活需要复杂的有机物来饲养，不然就要饿死。这些有机物就是蛋白质、碳水化合物及脂肪三种。这三种只

---

① 目前"五界"分类系统中，细菌属于原核生物界，细菌既不属于动物界，也不属于植物界。

有植物能制造，动物自身没有这个本领。

就碳水化合物而言，植物所以能制造，因为它们有"叶绿素"。这"叶绿素"的功用，借阳光之力，能将空气中的"二氧化碳"变成碳水化合物如纤维素、淀粉及糖等。皆是这些碳水化合物，又与土中所吸收的无机硝酸盐、磷酸盐、硫酸盐及水等综合而成植物细胞的原生质。

动物吃了植物之后，就将这原生质消化改造而成为动物细胞的原生质，有一大部分复经氧化，以供给体力和体温。氧化之后所剩余的废物，如阿莫尼亚①尿素或马尿酸则由肾而排出体外，如二氧化碳则由肺而出，如屎由肛门而出，如汗由皮肤毛管而出。

总之，植物是依无机物为生，动物是依有机物为生。动物不能利用无机物而自制原生质，所以须吃植物，然而植物也只能利用无机物，而又不能利用有机物，所以要维持地球上的生命，一定要依靠二氧化碳、硝酸盐、磷酸盐、硫酸盐及水的供给源源不绝。

除了水和二氧化碳而外②，这三种无机盐的供给，若老是取而不还，又怎能不绝呢？

于是自然界请出细菌来，请细菌担任化解有机物的工作，使有机物又变成无机物，而后植物方能直接吸收，如此

---

① 英文名称Ammonia，现写作"阿摩尼亚"。
② 此处"而外"同"以外"。

循环不已。

细菌怎样分解有机物呢？

你们想一想吧，自地球上有了生物以来，直到如今，人类及动植物死亡的总账，真是不可量，不可数，不可称。它们都是有机物，若无法分解，岂不是要积成几百座高山，填满一切大海么？但是现在它们这些尸身腐烂到哪里去了？怎么都不见了？

细菌微微地笑着说："都给我们吃光了，化走了。"

在大吃特吃这些尸身腐烂的时候，有些细菌吃到了碳水化合物，化成二氧化碳放出来；有些细菌吃到了尿素或马尿酸，化成阿莫尼亚放出来；有些细菌吃到了蛋白质，化成氨基酸，又化成阿莫尼亚放出来。又有些细菌，叫做硝化菌，能将阿莫尼亚氧化成为亚硝酸盐及硝酸盐；又有些细菌，叫做硫化菌，能将动物所放出的硫化氢，氧化成硫酸盐；又有些细菌，叫做磷化菌，能将动物身上的磷化物，氧化成磷酸盐。此外，又有一种细菌，叫做放氮菌，能将阿莫尼亚化为氮放入空气里面；更有一种细菌，叫做固氮菌，能将空气的氮固定起来，变成硝酸盐。于是这些硝酸盐、硫酸盐、磷酸盐和二氧化碳等就可以直接供植物营养之用了。

这样地，植物预备饭菜给动物吃，动物预备血肉给细菌吃，细菌预备无机盐给植物吃，就是生物吃的大循环，若有一方罢工，食粮一绝，同归于尽。

　　所以，一边吃人家的，一边就要给人家吃。

　　　　大王、鸡、蚂蚁，三者是同样的重要，既不
得自私，也不必妄自尊大。贵为人类，贱如细菌，
变来变去，都是元素。我们既不能逃出生物循环之
外，则生死存亡，都要按照自然的定律，不惊、不
怖、不畏地努力合作啊！

1935年8月23日

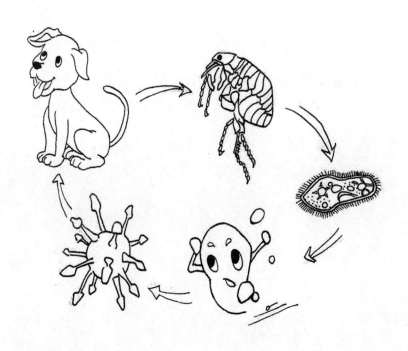

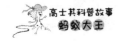
成长启示······大王吃鸡，鸡啄蚂蚁，蚂蚁侵蚀大王，孩子们玩儿的游戏就是生动的食物链原理。食物链形成了大自然"一物降一物"的现象，维系着物种间天然的数量平衡。比如，狗的身上寄生着跳蚤，跳蚤体内有原生动物寄生，原生动物又成为细菌的宿主，细菌上又可能寄生病毒，由此形成大动物→寄生动物→原生动物→细菌→病毒这种寄生性食物链。人类又是最典型的杂食动物，几乎能从每一个环节摄取食物，因此食物链与人类休戚相关。如果食物链受到破坏，人类的生存就会受到威胁。

02 "大王"的生活

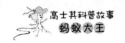

人生七期

人生七期，就是我们一生要走的路程。莎士比亚曾用一首诗将人生从婴儿到暮年要经历的"七期"描写得生动逼真。生理学上对人生"七期"却有着不同的看法。不同在哪里呢？在下面的文章中寻找吧。

由初生到老死，这个路程，是谁都要走过的。不过，有的人不幸，在半道得了急症，或遇到意外，没有走完这条路，突然先被死神抓去了，那是例外。

在生之过程中，发育和衰老，同时进展。我们一天一天的长成，也同时一天一天的老迈了。小孩子一个个都巴不得即刻变做成人，但成人一转眼就都老了，都变成老头儿了。

这个由小而大，由大而老之间，其实没有界线可分。天天在长，就是天天在老。生之日益多，死之辰益近。不过看哪一种成分，显得格外分明，而把一条生命线，强分为数段，也可。大约看来，在25岁以前，发育的成分多，25岁以后，则衰老的成分渐多了。

16世纪时代，英国的大诗翁莎士比亚，有过一篇千古不朽的名诗，由婴儿起到暮年止，把人生分为七期，描写得极其生动逼真。大意是这样说：咿咿唔唔①在奶娘手上抱的是婴儿；满面红光，牵着书包儿，不愿上学去的是学童；强吻狂欢，含泪诉情，谈着恋爱的是青年；热血腾腾，意气甚强，破口就骂，胆大妄为的是壮年；衣服齐整，面容严肃，大声方步，挺着肚子的是中年；饱经忧患，形容枯槁，鼻架眼镜，声音带颤的是老年；塌的眼眶，没有了牙齿，聋了耳朵，舌头无味，记忆不清，到了尽头的是暮年。这样把人生一段一段的，分析下来，真够玩意儿②呀。

但是，莎士比亚的人生七期，是看着人情世态而描写的。我们现在也要把人生分为七期，却是依照生理学上的情形而分的。这七期，不自婴儿始，以子宫内受孕的母卵为起点。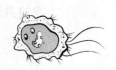

自母卵与精虫相遇，受了精以后，立时新生命就开始

---

① 此处"咿咿唔唔"指"咿咿呀呀"，形容小孩子学话的声音。
② 指生动有趣。

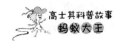
了。自开始至3个月，为第一期。这一期的变化，突飞猛进，最为奇特。在这一期里，母卵不过是直径不满1/700英寸①的一颗圆圆的单细胞，内中却早已包含着成人所必需具备的一切重要的结构了。在这期里，还有几种结构，为成人所没有的，如第三星期，有鱼鳃的裂痕出现，如第六星期，有尾巴出现。自演化论者看来，这分明显出，人是鱼的后身，兽的子孙了。由母卵一个单细胞起，一变二，二变四，四变八，不断地变，到了第三个月，人的雏形已经完成，但仍是小得很，要用显微镜才看得清楚。这一期叫做胚胎期。

第二期是胎儿期，由第三个月起至脱离母体呱呱坠地时为止，大约有六七个月头吧。在这一期里，并没有添出什么花样，细胞仍是在变多，已完成的雏形渐渐长大，渐渐加重，渐渐成熟罢了。

在温暖的子宫内的胎儿，不会感到饥饿和窒息的恐慌。他所需要的食料和氧气，都从母亲的血液里支取，都是由胎盘输进脐带，送给他的。

在诞生的时候，这种食料和氧气的自由供给，突然始止。于是新生的婴儿，不得不哇的一声大哭，打通了两道鼻孔，顿时鼓动自己的肺叶，呼吸外界的新鲜空气。又哇的一声大啼，张开自己的小口尽力吸收甜美的乳汁，运用自己的

---

① 1英寸 = 2.54厘米。

胃和肠来消化食物。

这种食料供给的突变，对于发育的过程，并无重大的影响。不过在初生下来头3天，婴儿的体重略有低减。这多半是因为分娩后那几天乳量不足的缘故，不久就复了常态。

由呱呱坠地到2岁乳齿长出的时候是为第三期，叫做婴儿期。

接着，就是第四期，即幼童期，由3岁起，在女童到13岁止，在男童到14岁止。在这一期里，年年体重均有增加，每年约增9%。这就是说，例如，体重40磅①的儿童，每年增加3.6磅，体重70磅的儿童，每年增加6.3磅。假使不生疾病，不遇饥荒，这时期里体重的增加，就可以一直向上无阻了。

到了第五期，就是最宝贵的青年时期了。如春天的花一般，一朵一朵地开出来，红艳可爱，一个个女儿的性格，一个个男子的性格，很奇幻而巧妙地在这一期里长成了。一夜之间，不知不觉由娇羞的童女，一变而为多色多姿的妇人；由顽皮的童子，一变而成大声大样的男人。其间有不少不平等、参差不齐的形态与资质啦。

青年期，在女子她的标志是：月经的来临，骨盆的长

---

① 1磅 = 0.4536公斤。

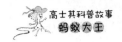

大，乳峰的突起，及阴毛的出现，这大约在13至14周岁之间就发生了。

青年期，在男子，他的记号是：面部的胡须有了几根了；下部耻骨间的黑毛也一条一条的出来；同时好像喝了什么葫芦里的药，小孩子又尖又脆的高音，忽然变成又粗又重的沉音了。

在滋养得宜的时候，这一期里，体重和身长的增加，比儿童的时期，还来得快，大约可由每年9%，加到每年12%。不过，贫苦的大众，平日都没有吃饱，营养不足，又怎能达到这样高速度的发育呢？①

青年期的发育，是跟性的本能有关联的。割去生殖器的男童，到了青春发育的时期，就不会发生如平常男子一般的变化。从前清宫里的太监，就是这一例。这些太监，又不像男，又不像女，口音总是尖脆，颔下从来不生胡须。

美国密苏乌里大学，有一位解剖学教授亚冷先生，曾把某种动物的生殖器割去，那动物的发育因此迟缓了，又将各种生殖器的组织制成溶液，注射入那动物的体内，于是那动物体内某部分的发育又激增了。

但是由这青春的发动而使发育激增这种现象并不能维持长久。大约过了2年之后，发育的速度，就很快地跌下去

————————

① 目前我国已基本解决居民温饱问题，绝大多数儿童都能健康成长。

24

了。满了22周岁的当儿，体重和身长，都已发育完全，不再前进了。

不论怎样，到了23周岁，一切体格的生长，都宣告终止。当然在20岁与30岁之间，自体力方面看去，是我们一生最强盛的时代。运动健儿，能创造新纪录，夺得锦标的，都在这时期内。

过了30岁，一切的体力体劲，就江河日下了。

大概是50岁那一年吧，妇人的月经告别，她的生殖时代，就成为过去的了。

在男子，生殖的机能，虽不似妇人那样的突然中断，然而一过了35岁之后，也就一天不如一天了。

男子一过了35岁，就一天一天的肥大了。团团的面孔，双重的下巴，厚厚的颈项，都显得隆肿起来了。汗毛越粗，胡子蔓延的区域渐广。笨重的身体，挺着大肚皮，一步一步不慌不忙地走。有福气活到35岁以上的人，多少都有这种福相吧！①

然而这些形相，却被科学家认为都是生殖机能渐弱的表示。割去生殖器的雄兽，也就渐渐异常的肥大起来了。割去生殖腺的雄鸟，毛羽也格外地粗大。生理学者起初也以为胡子汗毛的加多加粗，是男性发展完全的特征，后来由于阉割

① 1949年以前，我国人均寿命仅为35岁左右，所以才有活到35岁算有福气的说法。

25

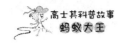

雄鸟的试验，以人比鸟，就悟到粗毛粗须，是性能力渐弱的标记，而在这时期内，男子生殖腺的作用，事实上的确是减弱了。

男子到了60岁，生殖的机能，就完全终止了。世间才有几个老当益壮，66岁，还要割须弃毛，再做新郎的贵人呢？

由25岁起，女的到50岁，男的到60岁，是中年期，是一生的中心，是一生最有用的时代，这是第六期。

第七期，60岁以上的人，就算老了，一轮红日慢慢西沉，终归于万籁俱寂了。至于怎样老法，下一次再谈吧。

成长启示······从胚胎期到老年期，每一阶段都有不同的特征，我们也都扮演着不同的角色，承担着不同的使命。如果我们能够在每一时期都活出不同的精彩，就不枉在这人生七期之路上走了一回。青少年时期，少男少女如花似玉，尽情绽放，世界才能发现你的美，你也才能把美带给身边的人。

难为情

难为情，我们把它理解为"不好意思"。什么事
能让我们难为情呢？一般就是情面上过不去的事，或
者让我们尴尬的事。这样说对不对呢？在下面的故事
中寻找答案吧。

中秋那一晚，因为贪看月姐儿的姿色，不幸受了寒气的
强吻，得了咳嗽，初起不过两三声，越接越厉，竟一连15日
而不止，恨极了。曾经想出种种战术，用过样样手段，要和
咳嗽决裂，绝交，宣战，开仗，把它打散了，出一口气，怎
奈它三步一顾，五步一回，故作依依恋恋不舍之态，老不肯
走。急得没法，索性痛快地骂它一番，看它不要羞死。

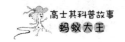

骂人最好莫过于放屁。放屁二字轻便，可以随口而出，可以多骂几句。但我不骂咳嗽等于放屁，还笑它不如放屁的稳健，屁已贱，咳更贱。有人怪我不分尊卑，颠倒贵贱，这些人不谙科学，只知引经据典，断章摘句，空中造起楼阁。我若有一点闲工夫，固然也喜欢翻阅旧书珍本，看看古人知道的已经有多少。但我所说的不容不以科学事实来作见证，关于咳嗽与放屁的脏物劣迹，都曾亲手检查，一一分析，相形之下，真相大明，而后知骂人不要放屁，不如骂人不要咳嗽之为尖锐深刻。

咳嗽与放屁，一发于喉，一泄自肠，同是气的冲动，不得不咳，不得不放。

一切的舶来品或土货，如细菌、灰尘、饭粒、鱼骨、菜汁、茶水乃至于自己的口沫，偶尔落到咽喉中间，触动了气管的神经，于是一声爆竹，四座皆惊，这是咳嗽的常态，不足为奇。

吃饭的时候，不但吞下了肉丝、菜叶、烂饭和口津的杂烩，而且连带吞下了空气。空气中独有氮气到了肚肠里，不肯为人体所吸收，受人肉的同化，于是积少成多，又和食物经过细菌的分解之后所产生的各种气体，如氢碳酸气、沼气、硫化氢之类，混合在一起，等到饭一变而为屎，大肠堵塞不通，这些气体，无处藏身，迫不及待，一有隙缝，突然冲出，于是猛然一声，四座失色。这是屁之常态，声大臭小，即所谓有声无臭之屁。

然而，有时食物不慎，病菌作怪，吃得过火，危及主人，屎再变而为稀黄水，充满恶气，尽是病菌分解出来的毒物，所放出的屁，徐徐而出，至再至三，臭味冲天，四座掩鼻，智者让位。这是屁的变态，臭多声少，所谓无声有臭之屁。

屁之为屁，半是食物的本味，半是细菌的本味，实与人肉的本味无干。若有人，好吃韭菜葱蒜，自难免其屁有特种难闻之味，人闻之而远避，屁之为患，尽在于此。据美国细菌学家试验的报告，屁实不足以传染疾病。人虽久立粪田之上，日闻屎气，不去动手动脚，未尝得病，此所以挑粪夫身体壮硕，面无难色，久而久之，而仍能怡然自得。虽然我们也不可就把他初次挑粪的苦况抹杀了。

咳嗽的危险，有非常人所能想象。寒风一起，天气骤变，衣服未穿，身体遇冷，病菌从口腔鼻孔，两路进攻，以迅雷不及掩耳的战略，占据了咽喉扁桃腺，顺气管而进入支气管，长驱直入。肺尖肺叶，相继沦陷，火势蔓延，细胞成为焦土。血球动员，心房告急，喷嚏一声，脑府发出戒严令，全身神经立刻紧张起来。喉间痒痒难受，接连发出十数响乃至数十响，如连珠大炮。面红耳赤，心如火烧，晚间如是，早起复如是，日日如是，月月如是，年复一年，乃至一生，其苦已甚。这是咳嗽的变态。这种咳嗽，不但害己，而且害人，对于病菌，实有大利。病菌中如"链球菌"，如

"肺炎球菌"，如"流行性感冒杆菌"，如"结核杆菌"，皆借咳嗽之力，以散布种子，传染疾病。

咳嗽的时候，就是没有痰涌出来，也有痰珠、痰花，里面伏着无数病菌，肉眼看不见，何况有痰之时。德国有两位细菌学家，曾用显微镜，量过痰珠、痰花的大小。据他们核算的结果，一粒痰珠的直径只有5%～25%毫米。这样轻的痰珠，可以在空气中浮游至一两分钟之久。在这个当儿，和咳嗽先生接近的人，便有吸入痰珠的危险了。

痰是咳嗽的脏物。痰的内容，有黏液，有空气细胞，有内皮屑，有恶毒的病菌，有时还有血丝，痰是绝对无用而有危险性的废物。

屎是屁的脏物，屎的内容，有动物的韧带及植物的纤维素，有鱼皮、肉渣、淀粉、脂肪，有肠的分泌物，有粪臭素，有胆脂素，有色素及尿胆素，有钠、钾、钙、镁、铁等无机盐，有各种各式的微生物，以大肠杆菌居最多数。这是屎的一览。看了之后，不禁生了一种感想，合流则同污，分立则孤净，屎之为屎，虽秽不可当，若将其内容，一一分洗，尚不得称为无用，何况，就是合在一起，也还是种田的好肥料呀！

痰之地位虽尊，屎之出身虽卑，然论其功用，品其内容，以痰比屎，痰不如屎。

然而中国人的旧习惯，厌屎不厌痰。痰则随口随地乱吐，屎则略具戒心，不敢随处乱撒，撒亦必收拾一下，铺上一层黄灰，扫进畚箕里面，倒入垃圾桶。

屎固应收拾干净，痰为什么任它"尸位素餐"①，傲慢地久留于地板之上呢？

这都是封建时代遗留下来的一种糊涂的意识，以为在上者不致有大错，可以宽容，在下者总是卑鄙，必须严厉处置。乃至同是人身的皮肤，也有贵贱之分。脐以上为贵，脐以下为贱。面部不肯和屁股同用一条浴巾。于是痰为贵，屎为贱，咳嗽为尊，放屁为卑。其实不都是细菌爱吃的东西吗？

---

① 比喻空占着职位而不做事，白吃饭。

　　由于尊咳的社会，造成咳嗽者自雄的心理，以为咳嗽无须顾忌，在大庭广众之中，尽可坦然为之，不自节制，不以巾覆口。而且在上者又不时假咳嗽之威以恐其下，皇帝大怒，一声咳嗽，百官莫敢仰面。今则主席部长一声咳嗽，部员唯命是从。军长未进营门，先咳一声，师长惊而出接，师长咳一声，旅长惊而出接，以此递降，至于士兵，士兵一咳，无人睬了。而希特勒一声咳嗽，国社党员以为这是力的表示；墨索里尼一声咳嗽，他的部下以为这是法西斯的口号。这些装腔作势的咳嗽，行到哪一天才可以终止呢？

　　由于贱屁的社会，造成放屁者畏怯的心理。如系有声之屁，无处藏匿，只得脸上现出玫瑰色，口中喃喃承认。若屁出而无声，则一座之中，互相推诿，故作疑问，谁放的屁？当事人自己心里明白，特不敢举手自招，恐难为情也。其实所放的屁，不过一刹那间的气味，顷刻即为空气所收容遣散，断不致遗臭万年。若座中夹有一两个摩登女人，且为巴黎香气所中和，必不至于轻易败露。孔子圣人也，当他入太庙，上朝廷之时，必先沐浴斋戒，亦所以预防肚子里临时作怪，而放出那不合礼，不君子的，一般道学先生所讳言的气味哩。然而当他燕居①或与弟子讲学之时，那时刚吃完了饭，因为有人送他鲤鱼或猪肉，吃得比平日多一点，就难免

────────────

　　① 退朝而处，闲居。

不放出一两声他所不愿意放的气，也是人之情常。孔子为万世师表，而且有时也放几声，何况后人，后人又何敢太看不起放屁了。

孔子一生有无咳嗽，也没有记载可寻。孔子很卫生，断不至当人面前咳嗽，就是偶尔吐痰，亦必承以痰盂。到他弟子书房去巡视时，也是轻声静步地走，不作一声假咳。不然宰予昼寝，一听见他的咳声，早已一溜烟地爬起来，又怎么会被他老夫子发现仍躺在床上呢？

总之，咳嗽、放屁，都不过是生理作用，圣人亦所难免，本不足骂。所可骂者，就是不知躲避，不顾他人，当人面前，公开发泄。屁犹弱小，虽可厌而无妨，咳发诸口，位高势大，传染病菌，其为害也甚烈。所以我说：骂人不要放屁，不如骂人不要咳嗽，较为深切呀。

1935年10月1日

成长启示……咳嗽、放屁，这些让人难为情的事，不过是生理作用的产物，但有些时候，细菌也是"功不可没"的。所以，平时讲究卫生，切断细菌入侵的道路，不仅可以保护自己的身体，还能减少尴尬事情的发生。另外，当你预感有难为情的事情要发生时，最好避开众人，这是一种礼貌，也是一种修养。想一想，生活中还有哪些让你难为情的事情呢？

人身三流

泪、汗、尿，会流动，是三种有生命的水，被称为"人身三流"。三者相比，泪最高贵，汗次之，尿最低下，你同意这种等级之说吗？这种观念是因何而来的呢？论三者的功用，你知道谁的最大吗？下面的故事中有你想知道的答案。

中国的民众不知流了多少泪。

我由泪想起汗，由汗想起尿。

这是贫民窟里的三宝，却不为一般人所重视，因此我愿意替它们宣传宣传。

泪在灾民难民眼眶里狂涌，汗在车夫工人的额角背上怒奔，尿在黑暗的角落打滚。

这是三种有生命的水啊，被压迫而向体外逃亡，所以我称它们做"人身三流"。

人身所流出的水，固不只[①] 这三种，而这三种却是最肯抛头露面，而且爽直，不稍存退缩之心。

中国人的传统观念，总以为地位尊崇者，他的一切就高人一等。因此，在这人身的三流里面，泪的位置最高，也可以自称为上流了。汗的位置，上上下下，几遍于全身，只可称为中流。尿呢，那就是被人所贱视的下流了。

尿之不如汗，汗之不如泪，似乎是当然的道理。

所以古今诗人雅士，吟诗作赋，免不了说一两句伤心话，不是断肠，就是落泪，几乎非泪不足以表其多情。泪总是多情的产物罢。于是泪就可比茶一般的清高了。

一到了汗，他们就有些讨厌这个了。然而诗人到了夏天就有苦热诗了，在苦热诗里，又似乎非汗不足以写其苦。

至于尿，这卑鄙下贱的东西，用它骂人出气还可以，绝不可以入诗文，就是俗人的谈话，也都极力避免用尿字。

---

① 此处同"不止"。

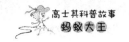

其实，这是不公平，不正确。

我们都被传统的观念所束缚，所蒙蔽了。

尿、汗、泪三者都是人身的外分泌，干净时，一样的干净，龌龊时，一样的龌龊。

察其来源，它们都是从血液里面逃出来的流民。

观其内容，尿最丰富，汗次之，泪最淡泊。然而都是一样的带点酸性的盐水，都含有一些"尿素"之类的有机化合物，还有别的，这里暂不提。

论其功用，尿最伟大，汗副之，泪就在可有可无之间了。

泪的故乡是在眼角和鼻骨之间的泪器。泪时时都伏于那泪器的门口观望，有时出来巡逻，洗洗眼珠，清清眼皮，偶尔堕入鼻子的深渊，无底洞，就成为一种鼻涕了。

泪在心理上颇占地位，人都认为它和悲哀的情感有关系，这是因为泪器的细胞，和大脑派出的神经有直接联络罢。然而有时笑也会出眼泪；眼睛受了辣椒、烟雾的刺激，也会出泪；又有所谓流泪弹（催泪弹）之类的毒品，专使我们流出大量的泪。这可见泪实是眼睛的警备队、保护者了。

人本是流泪的生物。自初生到老死这一个过程中，流泪的机会正多着哩。但，中国人的眼泪是用得太滥了，各自为一身一家的疾痛，而流出一点一滴的泪，那泪是弱小而无聊的。

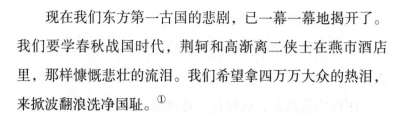

现在我们东方第一古国的悲剧，已一幕一幕地揭开了。我们要学春秋战国时代，荆轲和高渐离二侠士在燕市酒店里，那样慷慨悲壮的流泪。我们希望拿四万万大众的热泪，来掀波翻浪洗净国耻。①

然而泪终于是弱者的武器，单靠它来救亡图存，那力量是太薄弱了。

泪之后，还须继之以汗。

汗的原籍是皮肤里面的汗腺。全身的皮肤，除了外耳道、包皮、龟头之外，都有汗腺，而以手掌足底的汗腺为最多。人身皮肤汗腺的总计，大约在200万以上罢。

汗腺出汗的多少是没有一定的。这要看四周空气的情形，寒暖如何，干湿如何。多跑多动，也会出汗。有时人们受了突然的惊吓，也会吓出一身冷汗来，汗也被情感所支配了。据说，在平时，就是穿长衫的人们，平均每24小时，也要出汗2~3升。这是皮肤受了衣服的包围，那里面的热气，常在32℃左右，所以无形之中，时时都在出汗了。

不过，这汗不是水而是汽。大约要过了33℃的"界点"，汗气才一变而为汗水。

汗水和汗气的分界，也可以说就是劳力和劳心的分界罢。

---

① 当时人们认为中国人口有四万万，也就是4亿。

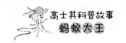

汗水里面的宝贝，除了盐和水之外，还有尿素、尿酸、肌酸、石炭酸、蛋白素之类的杂烩。而以尿素的成分为最主要。

刚洗完蒸汽浴，或经过一番强烈的运动之后，满头满身，淋淋漓漓，都是热汗，而那些汗珠里面，尿素的成分，就顿时加了许多。

有的人听了这话，就有些不愿意，而且不大相信，以为尿素这下流东西，也配在我头上身上作威作福哇。

然而这是生理上的事实。

原来尿和汗还是亲家，尿之尿素减少，则汗之尿素加多；汗之尿素少，则尿素都跑回尿那边去了。而其来去的主权，则由大脑派有特别神经，暗中操纵。

尿的历史就复杂得多了。现代疾病的诊断，又往往非作尿的检查不可，都是想从尿水里，追寻出疾病的脏物。尿的出身，虽甚下贱，它的先前行状，又极神秘，而它却是牺牲了自己而出奔——有的说是被压迫而逃亡——调和了血液，保全了全体，大有功于人身。将来如有空闲，也拟替它作一篇正传。这里所要谈的，不过举其大概罢了。

它的大本营是肾，膀胱是它的行营。

肾是一副多管的腺，俗称腰子，又号腰花，常常被人误认为男子生殖器的睾丸。其实睾丸自是藏精之宫，而肾却是尿的制造所了。

在这每个制造所里面，约有200万颗小球——肾小球——无数微血管密密地分布于此。

这么多的肾小球，又都被小球囊所包围。小球囊和肾小球之间，只隔了两层薄薄的膜；一层是微血管的外皮，一层便是肾小球的外皮。

那小球囊的空间，就是尿管的起点。

尿管起初是弯来弯去，千回百转，所以叫做盘曲的小管，后来才变成直直的一条，出了肾，直通尿道，而达于膀胱了。

肾，这制尿局，其结构是如此细微而繁复，于是生理学者，研究了再研究，在显微镜下，眼都看红了，还是纷纷论战，各执一说，还不能解决尿是怎样制造的这个问题。

有一派说，血一到了肾小球的微血管，因受大血管里的高血压所迫，只得透过了那两层薄膜，到了小球囊的空间，而变成尿。可是那尿是太稀了，于是当流过了盘曲的小管的时候，在途中，就有一部分，又被两旁的外皮细胞所吸收了，其余的渐渐成了浓尿的本色。

又有一派也承认，尿是血所滤过的东西。不过，他们以为，在小球囊的尿，还不是完整的尿，而只是些无机盐和水，所以稀。后来，在盘曲小管的途中，又有一批尿素、阿莫尼亚之类的有机物，从两旁的外皮分泌出来，加入尿的洪流中，于是就浓了。

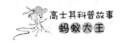
这两说，各有其道理，其试验根据，等他们决定了，再叙罢。现在我们只认尿是血的后身就够了。

血是最受人敬重的，我们又怎么太看不起尿呢？

尿是有时而酸性，有时而淡。这是间接受了食物的影响。吃肉的人，尿是酸性，吃素的人，尿近于淡。尿若变成了碱性，那是细菌这小贼儿的恶作剧。

尿的内容，除了守本分的无机盐和水之外，杂色的分子极多。主要的当然是尿素。其余还有尿酸、肌酸、马尿酸、草酸、硫酸盐、氧化酸、氮化酸、氮气、碳酸气、尿色素、尿胆素，各有各的来历与背景，还有有时列席有时缺席者不计外，真是济济一堂。这些名目都是抄自一位化学家的记录。

然而有人读了，就要生疑了。那姓马的尿酸怎么也会杂在里面，人尿里难道也会有马尿么？

本来科学名词都有些奇特，我们若认真起来，就很吃力。马尿酸，本是吃草的动物如马之类的尿中所常有。人及吃肉的动物，难得有。但人若常吃素，尿里就来了大量的马尿酸了。

反之，尿酸乃是吃肉的记号。所以尼姑、和尚之流，若开了荤偷着买肉吃，尿里面马尿酸的成分变成了尿酸，这是瞒不过实验室里的化验员的。

尿的质既是这样琳琅富丽，尿的量也很可观。成年男子在24小时之内所分泌出尿的总量，通常都有1500～1700立方厘米之多。当然水喝得愈多，尿也就愈多，喝了茶、咖啡之类的饮料，尿也较多。这是常人所知道的。尿实是血过剩的去路啊。

然而，有人就要问了，尿何以恶臭难闻，它不是屎之流么？这又是传统的误会了。

尿与屎并论，是尿百世之冤恨。屎是食物的渣滓，和以胆汁，又有粪臭素、硫化氢之类的臭物，细菌成兆成亿地在那里寄生。虽居人身的腹地，并未曾受人肉的同化。

尿是血的分泌。血清尿包清，血浊尿也浊。血糖有过剩，而尿就成为糖尿了。

尿的本味，就是阿莫尼亚的本味，是一种单纯的药味，昏迷的人闻了，还可以大醒。

尿所以恶臭，是离了人身之后而变成的。这不是尿之本身的罪状，而是细菌的罪状。让细菌吃饱了的东西，就是汗，就是泪，就是血，就是肉，有哪一件不臭呢？

独于尿，而最看不起，[①] 这是下流者的不幸。

---

① 意思是说，"人身三流"中，唯独尿被人看不起。

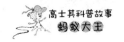
中国贫民窟里下层的民众，也被人看不起了几千年了。

泪也竭了，尿也尽了，只有汗还多可以流。

多喝些革命的水罢！多喝些抗敌的酒罢！澄清民族的污浊！流出四万万人的血，使全太平洋的水变色！

1936年2月20日

成长启示 ····· 由于传统的等级观念，人们总以为地位高、身份尊贵的人，他的一切就高人一等，其实，人与人之间是平等的，不存在高低贵贱之分，不管别人如何看你，你可不要因为自己出身农民、工人家庭而轻贱自己，你能和其他优秀的人一样棒。

色——谈色盲

我们眼中的世界五彩缤纷，但色盲就没有这么幸运了。也许你听说过色盲，但却一知半解，今天读到这则故事，可以帮助你更加全面地了解色盲——什么叫色盲，色盲是如何形成的，如何判断一个人是不是色盲。

有些泥古守旧的人，对于色，只认得红，其余的都模糊不清了，以为红是大喜大吉，红会升官发财，红能讨老婆生儿子，其余的色，哪一个配！

有些糊涂肉麻的人，如《红楼梦》里的贾宝玉之流，有特种爱红之癖，其余的色都被抹杀了，其余的色哪里赶

得上？

然而，在今日的世界，红似乎又带有危险性了。有些人见了它就猜忌了。不是前不多时，报纸上曾载过，德国有一位青年，因用了红领带，而被处了6个星期的徒刑吗？

但是，我这里所要谈的，并不是这些喜红、爱红和疑红的人，而是另一种人，认不得红的人。

这一种人，对于红，一向是陌生的。

这一种人，见了红以为是绿，见了绿又以为是红。

这一种人，就叫做色盲。

色盲不是假装糊涂，而实是生理上的一种缺憾。

这些话，在色盲者听了，或者能了然；不是色盲的人听了，反而有些不信任了，说是我造谣。

因此我须从色字谈起。

色，这迷离恍惚、变幻莫测的东西，从来就有三种人最关心它。

物理学者关心它的来路，它的结构。

生理学者关心它的现实，它和人眼的反应。

心理学者关心它的去处，它对于心理上的影响。

虽然，还有化学者在研究色料的制造，诗人美术家在欣赏、调和色的美感，政治家在用色来标榜他们的主义，市政交通当局在用色以表明危险与安全，如此等等的人，对于色，都想利用，都想揩油，于是色就走入歧路了。这些，这些，我们不去细谈。

物理学者就说：

色是从光的反映而成。光是从发光体送出来的一种波浪。这一波一浪也有长短。太长的我们看不见，太短的也看不见。

看不见的光，当然是没有色，然而它们仍在空气中横冲直撞，我们仍有间接的法子，去发现它们的存在。如紫外光①，如X光，如死光②之类。

看得见的光，就可以分析而成为种种色了。

大概，发光体所送出的光，多不是单纯的光，内容很复杂，因而所反映出的色，也就不只③一种了。

满天闪闪烁烁的群星，都是极庞大的发光体，和我们最亲热的就是太阳。

地球上一切的光，不，整个太阳系的光，都是来自太阳。

电光、灯光、烛光，乃至于小如萤火虫的光，乃至于更小如某种放光细菌的微光，也都是受了太阳之赐。

太阳的光线，穿过了三棱镜，一受了曲折，就会现出一

---

① 即紫外线。
② 即激光。
③ 此处同"不止"。

条美丽的色系，由大红，而金黄，而黄，而蓝，而绿，而靛青，而紫。① 红以上，紫以外，就因光波太长太短的缘故，不得而见了。而且，这色系之间的演变，又是渐变而不是突变，所以色与色之间的界线，就没有理想的那样干脆了。

色之所以有多种，虽是由于光波的长短不齐，然而其实也靠着人眼怎样的受用，怎样去辨识。没有人眼，色即是空，有人眼在，空即是色。这太阳的色系，是一切色的泉源，普通的人眼，都还认不清，何况所谓色盲的人。

生理学者花了好些工夫去研究人眼，又花了好些工夫研究人眼所能见的色。他们说：

人眼的构造，和照相机相似，最里层有一片薄膜，叫做"视网膜"，那视网膜就好比是底片。一色至一切色的知觉都在这底片上决定，又伏有视神经的支脉，可以直接通知大脑。

色的知觉，可分为两党：一党是无色，一党是有色。

无色之党，就是黑与白及中间的灰色。

有色之党，就是太阳色系中的各色，再加上各种混合的色，如橄榄色、褐色之类。

_____

① 太阳光由红、橙、黄、绿、蓝、靛、紫七色光组成。

有色之党，又可分为两派：一派是正色，一派是杂色。

正色，就是基本的色，纯粹的色。有的说只有三种；有的说可有四种。说三种的，以为是红、黄、蓝；又有以为是红、蓝、紫。说四种的，以为是红、绿、蓝、紫；也有以为是红、黄、绿、蓝。

总之，不论怎样，有了这些正色之后，其余的色，都可以配合混制而成了。因此，其余的色，都叫做杂色。据说，世间的杂色，可有1000种之多哩。

太阳、火焰、血的狂流，都是热烈的殷红。晴天的天，海洋的水，都是伟大的深蓝。大地上，不是一片青青的草，绿绿的叶，就是一片黄黄的沙，紫紫的石。这些不都是正色吗？

傍晚和黎明的霓霞，花儿的瓣，鸟儿的羽，蝴蝶的翅，金鱼的鳞，乃至于化学药品展览室里一瓶一瓶新发明的染料，这些不都是杂色吗？

有了这些动人而又迷人，醒人而又醉人，交相辉煌而又争妍夺艳的种种的色，使我们的眉目都生动起来，活泼起来，然而外界的引诱力是因之而强化，于是我们有时又糊涂起来，迷惑起来了。我们的心房终于是突突不得安宁了。为的都是色。

这些话都是根据人眼的经验而谈。

然而，色，迷人的色，把它扫清罢！假使这世界是无色

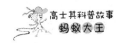
的世界，从白天到黑夜，从黑夜到白天，尽是黑与白与灰，这世界未免太冷落寂寞了，太清寒单调了，太无情无义了。

然而，世间就有这么一类的人，对于色，是不认识了。大家看得见的色，他偏看不见，或看得很模糊，或大家看是红，他偏看出绿来，大家看是蓝，他偏看是白，大家看是黄，他看是暗灰色。

这一类人，有的是全色盲，对于一切色，都看不见；有的是一色盲，对于某色看不见；有的是半色盲，对于色，都看得模模糊糊罢了。

最可怜的，就是那全色盲，他的世界完全是黑与白与灰，是无彩色的有声电影的世界。

这些事实，人们是不大容易发觉的。在这奔波逐浪、汹涌澎湃的人海潮里，不知从哪一个时代，哪一位古人起，才有色盲，我们是没有法子去考据的，也许有好些读者从来没有听见过色盲这个名词，也许你们当中就有色盲的人，而连自己都还没有发觉。

科学界注意这件事，是从18世纪末年英国的化学家道尔顿起。这位科学先生，本身就是色盲。他就是认不得红色的色盲之一员。

认不得红色是有危险的呀！后来的生理学者、心理学者，都渐渐注意了。他们说：

水路、陆路的交通，都是以红色作危险的记号。轮船、火车上的司机，若是红色盲，岂不危险么。十字大街上的红绿灯，是指挥不动这些色盲的路人了呀。于是这个问题就为市政和交通当局所重视了。

色盲的人，虽不是普遍的现象，然而也到处都有，尤以男子为多。据说，男子每百人中，色盲者有三四人；妇女每千人中，色盲者有1人乃至10人。

不过，完全色盲的人很少很少。最常有的还是红色盲。其次的，还有绿盲、紫盲、蓝盲、黄盲，如此之类的色盲。

这些色盲，都是对于某一种正色的朦胧，不认识。对于杂色，更是糊涂弄不清了。

然而，红盲的人，听了人家说红，就去揣度，有时他也自有他的间接法子，他的自定标准，去认识红，去解释红，所以人家说红，他也不去否认。这样地，我们要侦察他的实情，是真红盲，还是假红盲，就得用红的种种混合色，杂色，请他来比较一下，他的内幕于是乎揭穿了。

医生检查色盲的种种手段，就是按照这个道理。

现在我们的敌人，有点假惺惺，口里声声亲善，背后枪炮刀剑，枪炮刀剑似乎是红，亲善又似乎不是红。中国的民众不要变成红盲吧！

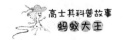

高士其科普故事
蚂蚁大王

成长启示······ 受命运的捉弄，有的人生下来就带有某种缺憾，如色盲、聋哑，甚至肢体残疾。也许你的身边就有这种人，不过你可不要欺负或嘲弄他们，否则会给他们造成心理上的伤害，相反地，我们应该多多关爱他们，让他们感受到平等和尊重。

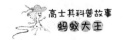

声——爆竹声中话耳鼓

耳鼓，可能不少人根本就不知道这是何物。没有它，或者它受到损害，我们的听觉减退，甚至消失。真有这么严重？耳鼓到底有多么重要？它究竟充当了一个什么样的角色？下面的介绍能给你解惑。

在首都，旧历新年的爆竹声，已不如从前那样通宵达旦、迅雷急雨般地齐鸣了。

不知被甚风吹走，今年的爆竹声，虽仍是东止西起，南停北响，但须停了好一会儿，才接着响下去，无精打采地，既像疏疏的几点雨声，又像檐下的滴漏，等了许久，才滴一滴。

在这国难非常严重的年头①，凡有带点强为庆贺，强为欢笑之意的声调，本来就不顺耳，索性大放鞭炮，热闹一番，倒也可以稍稍振起民气，现在只有这不痛不痒的疏疏几声，意在敷衍点缀新年而了事，听了更加不耐烦了。

不耐烦，有什么法子想呢？

色、声、香、味、触，这五种特觉，只有声是防不胜防，一时逃避不出它的势力范围之外。声音一发，听不听不能由你。这责任一半在于声音的性质，一半在于耳朵的构造。

声音是什么呢？

声音是一种波浪，因此又叫做音波②。这音波在空气中游行，空气的分子受了振荡，一直向前冲，中间经了无数分散而凝集，凝集而又分散的曲折。

音波是由发音体发出来的，起先一定是发音体先受了振荡，所以两个坚实的物体，互相抨击③，就可以成音。这音波是一波未平，一波又起的，而每一波的长度都不相等，有时相差很远。

大凡合于音乐的音波，我们常人的耳朵所听得到的，它的波长，最长的不过12～21米之间，最短的波长只在25毫米

---

① 指抗日战争时期。
② 即声波。
③ 即撞击、碰击。

之内。

这些音波在空气中飞行极快，平均的速率，每秒钟能行33～36米，但也要看所穿过的空气的寒暖程度如何。

不论怎样，这些合于音乐的音波，是有规则的，有韵节的。

不合于音乐的音波，就乱七八糟一点没有规律，没有韵节的了，所以听了就讨厌。

在从前，新年的爆竹声，家家户户合奏像一阵一阵的交响曲，非常使人高兴。今年的爆竹声，受了当局不彻底的禁止，受了民间不景气的潮流的影响，好久，好久忽儿发出三四声，短而促，真是不痛快而讨厌。

这是声音的不协调，而叫我感到不耐烦。

耳朵的结构是怎样呢？

在我们的头颅上，两旁两扇翅膀似的耳翼，是收集音波的机器。在有的动物身上，它们还会听着大脑的指挥而活动的，然而它们的价值只是加强了声音的浓度和辨别音波的来向罢了。

不谙生理学的中国人，尤其是星相家之流的人，太看重了这两扇耳翼，以为耳的宝贵尽在这里，而且还拿它们的大小作为富贵和寿命的标准。如老子耳长7寸，便以为寿，刘先主目能自顾其耳，便以为贵之类的传说。

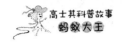

其实，若不伤及耳鼓，就是割去两扇耳翼，也还听得见，不过声音变得特别一点罢了。这两扇露在外面的耳翼，有什么了不得呢？

围着耳翼里面那一条黑暗的小弄，叫做耳道。耳道的终点，是一个圆膜的壁，叫做耳鼓。这耳鼓才是直接接收音波、传达音波的器官。这一片薄薄的耳鼓膜厚不及1/10，却也分做三层：外层是一层皮肤似的东西，内层是一层黏膜，中间是一层"接连组织"。它的形状有点像一个浅浅的漏斗，而那凸起的尖端，却不在正中央，略略的偏于下面。这

样带一点倾斜的不相称的形状，能敏锐地感到音波的威胁而振动。音波的威胁一去，那耳鼓的振动就停止了，所以耳鼓若是完好的，那外来的声音听得很干脆而清晰了。

紧靠在耳鼓膜的里面有三颗耳骨：一是锥骨，一是砧骨，一是镫骨，各因其形而得名。这三颗耳骨的那一面是靠着另一层薄膜，叫做耳窗，又名前庭窗。

这些耳骨是我们人身上最轻而最小的骨。它们的构造是极尽天工的巧妙，只须小小一点音波打着耳鼓，就可以使它们全部振动，那音波便被送进内耳里面去了。

内耳里面是伏有听神经的支脉，叫做耳蜗神经。那耳蜗神经的细胞非常灵便，不论多么低微的声音，它们都能接收而传达于大脑。

现在像爆竹这般大而响的声音，我们哪里能逃避不听呢！就是掩着两扇耳翼，空气的分子，既受了振荡，总能传进耳鼓里面去呀。

不过，这也有一个限制，空气是无刻不受着振荡，有的振荡的速率是太快或太慢，达到了我们的耳鼓上面，就不称其为声音了。

我们一般人所能听到的声音，极低微的振动频率，大约是在每秒钟24次至30次之间。有的人，就是低至每秒钟16次的振动频率的音波，也能听

见。最高的振动频率，要在每秒钟4万次以内，才听得见。

在这里又要看各个人耳朵的感觉如何敏锐了。耳聋是不用说了。有的人虽然没有到了耳聋的地步，然而对于好些尖锐的声音，如虫鸟的叫鸣，就听不见。

虽然爆竹的声音，它的振动率不太高也不太低，只要距离得不太远，是谁都能听见的哩！

现在我们国家管事的人对于敌人的侵略，好像虫声鸟声一般唧唧地在那里秘密讨论。它的振动频率太低了，使我们民众很难听得见。而汉奸及卖国者之流，又似乎放了疏疏几声的爆竹，以欢迎敌兵，闹得全世界都听见了，真是出丑，更令我们听了不耐烦。然而又有什么法子想呢？

1936年1月27日

成长启示……无论什么构造，都有其核心力量，这种核心力量就是一个支撑，缺少这个支撑，再坚固的结构都会倒塌。就像耳朵构造中的耳鼓一样，只要它不受损，我们就能听到声音。做事情也是同样的道理——你的学习方法决定你的学习成绩；做好一件事情，坚持最重要。

香——谈气味

　　　　气味，要靠嗅觉去分辨。嗅觉灵敏的人，香味、臭味、其他混合气味，都逃不过他的鼻子。可是，这些气味是怎么形成的，你知道吗？科学先生又是怎么对付那些难闻的气味的呢？下面的科普知识中就有答案。

　　气味在人间，除了香与臭两小类之外，似乎还有第三种香臭相混的杂味罢。

　　植物香多臭少，动物臭多香少，矿物除了硫、硒、碲三者之外，又似乎没有什么气味了。

　　这些话是就鼻子的经验所得而谈。

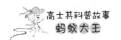
香是鼻子所欢迎，臭是所拒绝，香臭不甚明了的第三种味，也就马马虎虎让它飘飘然飞过去了。

鼻子是两头通的，所以不但外界冲进来的气味瞒不过它，就是口里吞进去的，或胃里呕出来的东西，它也知道。捏着鼻子吃苦药，药就不大苦了。

然而鼻子是有时而塞住了，如得了伤风及鼻炎之类的疾病，那时就是尝了美酒香果，也是没有平日那么可口了。

气味到底是什么东西组成的，而有这样的轻贵呢？是不是也和光波、音波一样，也在空气中颤动呢？从前果然有人以为气味的游行，也是波浪似的，一波未平，一波又起。而今这种观念却被打破了。

现代的生理学者都以为，气味是从各种物体发出来的细粉①。这细粉大约是属于气体罢。既发出之后，就渐散渐远，渐远渐稀，终于稀散到乌合之乡去了。

但若在半途遇到了鼻子，就飘进了鼻房里面，在顶壁下，和嗅神经细胞接触，不论是香是臭，或香臭相混，大脑顷刻就知道了。

据说，同属一类的有机化合物，结构愈复杂，气味也愈浓。这样看来，气味这东西，似乎又是化学结构上"原子量"的一种作用了。

---

① 指"挥发物"，通常是小分子，所以容易变成气体。

因此，要把世间的气味，一一分门别类起来，那问题便不如起初料想的那样简单了。

于是我想鼻子真是一副极灵巧的器官啊，无论什么气味，多么细微，多么复杂，它都能分辨出来。

鼻子在所有特觉当中，资格算是最老了。

然而文明愈进步，鼻子就愈不灵，生物的进化程度愈高，鼻子的感觉也愈坏。

野蛮民族，如美洲红人、原始人之类[1]，他们的鼻子，都比现代人灵得多。他们常以鼻子侦察敌人，审查毒物，而脱离了危险。

狗的鼻子是著名的敏锐了。无论地上留有多么细微的气味，它都能追寻到原主。然而它也只认得熟人的气味，才是好气味。如果是生人，就是你满身都是香，也要对你狂吠几声，因为你不是它的圈子以内的人。

昆虫的嗅觉，似乎也很灵，不然房子里一放了食物，蟑螂、蚂蚁之类的虫儿，怎么就知道出来游历考察呢？

　　气味的感觉，也是当局者迷，外来者清。鼻子是有时而倦了，它也只有几分钟的热心。所以古人说："入鲍鱼之肆，久而不闻其臭；入芝兰之室，久而不闻其香。"在生理学上看来，这句老话倒也

---

① 即美洲土著印第安人。

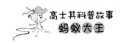

不错。很多人总不觉着自己屋子里有臭味，一到外
头去跑跑，回来就知道了。

气味有时也会倚强欺弱，一味为一味所压迫，所遮蔽，
所中和。所以两味混在一起，有时我们只闻见这味，而闻不
到那味，如尸体的味一经石炭酸的洗浸之后，就只有石炭酸
的气味了。

因此，人们常用以香攻臭的战术来消灭一切不愿闻的气
味。这种巧妙的战术，是大大的被有钱的妇女所利用了。这
也是香粉、香水之类化妆品的入超之一原因吧！

肉的气味，大家都是一样，本来没有什么难闻。然而
不幸有的人常常发生特种的气味，则不得不借香粉、香水之
力以遮蔽了。然而又有的人竟大施其香粉政策以取媚于其腻
友，或在社交上博得好声誉。

然而香粉、香水之类的东西是和蜂采蜜一般，从花瓣花
蕊里面采出来，榨出来的，究竟不是肉的本味，而是偷来的
气味，似乎有些假。

因此我还有一首打油诗送给偷香的贵人们：

窃了花香做肉香，
花香一散肉香亡，
剩下油皮和汗汁，

还君一个臭皮囊。

据说气味这东西与心理还有些联络。所以讨厌这个人也讨厌这个人的味，欢喜另一个人也欢喜那个人的味，这是常有的事，而且还有闻着气味而动了食指或色情的君子呢。

气味这东西真是不可思议了。

在这个年头，气味有时使我们气闷，使我们掩了鼻子不是，不掩鼻子又不是。掩了鼻子又有不亲善的嫌疑，不掩鼻子又有人说你的鼻子麻木了，不中用了。

社会上有许多事是臭而又臭，绝没有一些香气，又不是第三种的杂味可以让他飘过去，真是左右难以做人啊。

1936年2月16日

成长启示⋯⋯故事中，人们研究出了以香攻臭的妙计。如果你身上散发出来的气味给身边的人带来了麻烦，使自己处于尴尬的境地，那就用这条妙计给自己解围吧。此外，注意个人卫生，勤洗澡也能去除身上不好的气味。

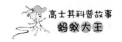

味——说吃苦

　　苦，究竟从何而来，到底是一种什么样的味道，以至于一提到它就会让不少人觉得受不了呢？你可以去尝尝中药、没穿糖衣的西药片或者苦瓜，也可以通过这里的故事来了解。

　　国内有汉奸，国外有强敌，爱国受压迫，救国遭禁止，在这个年头，我们国民有说不出的苦，有说不尽的苦，这苦真要吃不消了。

　　在这个苦闷的年头，由不得不想起春秋战国时代那一位报仇雪耻、收复失地的国君——越王勾践。

　　当时越国被吴国侵略，几至于灭亡，勾践气得要命。

他弃了温软的玉床锦被不睡，而去躺在那冷冰冰的，硬生生的，二三十根树枝和柴头搭成的柴床上，皱着眉头，咬着牙关，在那里千思万想，怎样救亡，怎样雪耻。

想到不能开交的时候，又伸手取下壁上所挂的那一双黑黄色的胆，放在口里尝一尝。不知道是猪胆还是牛胆，大约总有一点很难尝的苦味罢。

这种卧薪尝胆，不忘国难国耻的精神，真是千古不能磨灭。现在我们民族，已到了生死存亡的关头，正是我们举国上下一致共同吃苦的时期，这个越王勾践发愤有为救亡图存的史实，不应看做老生常谈，过于平凡，实当奉为民族复兴的警钟，有再提重提的必要。

卧薪尝胆，是要尝目前的苦味，纪念过去的耻辱，努力自救，既以免生将来更大的惨变，复可争回民族固有的健康。

但，对于苦味的意义，我们都还没有一番深切的了解吗？

为什么尝一尝胆的苦味，就会影响国家的危弱呢？

这是因为胆的苦味，触动了舌头上的神经，那神经立刻通知大脑，大脑顿时感到苦的威胁了。由小苦而联想到大苦，由小怨而联想到大怨，由一身的不快而联想到一国的大恨，由局部的受侵害而全民族震撼了。胆的味虽小，我们民众，个个都抱着尝胆的决心，那力量是不可侮的。

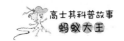

　　大脑分派出的"感觉神经"，在舌头的肉皮下四面埋伏着。那些神经的最前线，叫做"味蕊[①]"，是侦察味之消息的前哨。这些味蕊的外层有好几个扁扁平平的普通细胞，内层则由6个或8个有特种职务的细胞，叫做"味细胞"所织成。味蕊不是舌头上处处都有，有的单有一个孤独的味细胞散在各处，也就能知味了。所以味蕊好比一队一队的武装警士，味细胞就好比是单身的便衣侦探了。从口里来往的客货，通通要经过它们的检查盘问呀。

　　运到口里的客货，大部分都是充为食品，那些食品当中，有好有坏，有美有丑，一经味蕊审查，没有不发觉的。虽然，这也不一定十分靠得住。有时，无味而有毒的物品，也可以混过去。何况有美味的食品，不一定就没有毒。又何况有毒的食品，也可以用甜美的香料来装饰，就如我们中国的敌人，一面步步尺尺侵略，一面还要口口声声亲善。倒是胆的味虽苦而无毒，反可以时时刻刻提醒我们雪耻精神，再接再厉地奋斗。

　　味的发生，是有味物品和味细胞的胞浆直接接触的结果。

　　然而干的物品放在干的舌头上面，是没有味的。要发生味的感觉，那物品一定要先变成流体，或受口津的浸润、溶

---

　　① 即味蕾。

化。这就像民众的爱国观念，须先受民族精神的训练，国际知识的灌溉。没有训练，没有知识的民众，只堪做他人的奴隶、牛马，而不自觉。

味并不是物品所固有，并不是那物品的化学结构上的一种特性。

味是味细胞的特有情绪，特具感觉，受外物的压迫而发动。

蔗糖、饴糖和糖精，三种物品，在化学结构上大不相同，而它们的味，却都是甜甜的。糖精的甜味，且500倍于蔗糖。

反之，淀粉是与蔗糖一类的东西，反而白白净净，一些味儿都没有。①

味又不一定要和外来的物品接触而发生，自家的血液内容，若起了特殊的变化，也会和味发生关系。

糖尿病的人，因为血里面的糖太多，有时终日都觉得舌头是甜甜的。

黄疸病的人，因为胆汁无限制地流入血中，因此成天地舌底卧面都觉得是苦苦的。

有的生理学者说，这些手续，这些枝节，都不是绝对必要的。只须用电流来刺激味的神经，也会发生味的感觉。用

---

① 即"一点儿味道都没有"。

阳极的电来刺激，就发生酸味；用阴极的电，就发生苦味。

总之，味的感觉，是味细胞的潜伏着的特性，不去触动它，是不会发作的。

在这一点，味仿佛似一般民众的情绪。不论是国内的汉奸，或本地的土劣，不论是哪里冲来的敌人，东洋还是西洋，谁叫我们大众吃苦头的，谁就激起了大众的公愤，一律要反抗，一律要打倒。

生理学家又说：味的感觉，虽有种种色色，大半不相同，基本的味，单纯的味，只有四种。哪四种？

一种是糖一般的甜，一种是醋一般的酸，一种是盐一般

的咸，一种是胆一般的苦。

这四种，再加上香、臭、腥、辣、冷、热、油滑或粗糙，味的变化可就无穷了。这些附加的感觉，都不是味，而味的本身，却为其所影响，而变成混杂的感觉。

所以我们若塞着鼻子吃东西，许多杂味，都可以消除。许多杂味，都是鼻子的感觉，不是我们舌头真正的感觉呀。

孔子在齐国听到了韶乐，有3个月的光阴，不知道肉是什么味。这是乐而忘味，并不是舌头的神经麻木了。舌头的神经，万一麻木，就如舆论不自由，是顶苦的苦情啊！

纯甜，纯酸，纯咸，纯苦，这四种单纯的味，在舌头上，各有各的势力范围，各的地盘。舌尖属甜，舌底属咸，舌的两旁属酸，舌根属苦。

生理学者就各依它们的地盘，去测验这四味的发生所需要的刺激力之最小限度。

研究的结果是，每100立方毫米的清水里面：

盐，只须放0.25克，就觉着咸；

糖，只须放0.50克，就觉着甜；

盐酸，只须放0.007克，就觉着酸；

鸡纳，只须放0.00005克，就觉着苦。

可见我们对于苦，有极大的感觉。我们的舌根，只须极

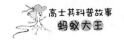
轻微的苦味，已能发觉了。

真的，我们要知苦，还用不着尝胆哩。

这年头，是苦年头，苦上加苦，身家的苦，加上民族的苦。

苦是苦到头了，现在所需要者，是对于苦之意义的认识。要解除苦的羁绊，还是靠我们吃苦的大众，抱着不怕苦的精神，团结起来，努力向前干。

1935年12月20日

成长启示 ····· 经历了卧薪尝胆，越王勾践才得以灭吴复国。这个故事告诉我们，吃苦与实现目标有着莫大的联系。青少年正处于学习知识的黄金时期，可有些人抱怨学习太苦，不愿学习，殊不知，吃苦其实是你们去看世界的路。

触——清洁的标准

> 清洁有标准，玩具、屋子和皮肤的清洁如此，鼻孔、口腔和胃肠的清洁如此，内心的清洁也是如此。这些标准是什么呢？内心也需要清洁吗？且听故事中如何说。

人是什么造成的呢？

生理学家说：人是血、肉、骨和神经等各种细胞组织而成。

化学家说：人是碳水化合物、蛋白质、脂肪等配制而成。更简单点说，人是糖、盐、油及水的混合物。

先生，太太，娘姨，车夫，小姐，少爷，女工，不论是

哪一种人，哪一流人，在科学家眼光看去，都是一样耐人寻味的活动试验品，一个个都是科学的玩具。

说到玩具，我记起昨天在一位朋友家里，看见了一个泥美人。这个美人，虽是泥造的，而眉目如生，逼煞真人，也许比我所看见过的真的美人还美一分。泥美人与真美人不同的地方，一是没有生命的泥土，一是有生命的血肉。然而表面的一层皮，都是一样的好看，鲜艳可爱。

记得不久之前，我到"新光"去看《桃花扇》，从戏院里飘出来了一位装束时髦的贵妇人，洋车夫争先恐后地抢上去拉生意。那贵妇人，轻竖娥眉，装出不耐烦而讨厌的样子，呲的一声①，急急地和他后面的一个西装革履的男子，跳上汽车走了。我想，那贵妇人为什么这样讨厌洋车夫呢？恐怕都是外面这一层皮的颜色和气味不同的缘故吧！里面的血肉原是一样的啊！

同是血肉，不幸而为洋车夫，整天奔跑，挣扎一点钱，买几块烧饼吃还要养家，哪里有闲工夫天天洗澡，有闲钱买扑身粉，以致汗流污积，臭味远播，使一般贵妇人见而急避。

同是血肉，何幸而为贵妇人，一天玩到晚，消耗丈夫的腰包，涂脂搽粉，香闻十里，使洋车夫敢望而不敢近。

---

① 指斥责了一声。"呲"是斥责的意思。

现在让我们细察皮肤的结构，看上面到底有些什么。

皮肤的外层是由无数鱼鳞式的细胞所组成。这些皮肤细胞时时刻刻都在死亡。同时，皮肤的内层，有脂肪腺，时时都在出油，有汗腺，时时出汗。这些死细胞、油、汗，和外界飞来的灰尘相拌，便是细菌最妙的食品。于是细菌，远近来归，都聚集于皮肤毛孔之间，大吃特吃。

这些细菌里面，最常见的为"白葡萄球菌"，占90%，每个人的皮肤上都有，这种细菌，虽寄食于人，而无害于人，但它的气味，却有一点寒酸。

次为"黄葡萄球菌①"，占5%。这种细菌可厉害了。它不甘于老吃皮肤上的污垢，还要侵入皮肤内层，去吃淋巴，被微血管里的白血球②看见了，双方一碰头，就打起仗来。于是那人的皮肤上就生出疖子，疖子里面有白色的脓液，脓液就是白血球和"黄葡萄球菌"混战的结果。

其他普通的细菌，如"大肠杆菌""变形杆菌"及"白喉类杆菌"，也有时在皮肤上发现。但是皮肤不是它们的用武之地，不过偶尔来到这里游历而已。

皮肤走了倒运，一旦遇到了凶恶狠毒的病菌，如"丹毒链球菌""麻风杆菌""淋球菌"之类，那就有极大的危险，不是寻常的事了。

———————————

① 即金黄色葡萄球菌。
② 现称"白细胞"，后同。

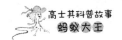
我们既不能停止皮肤流汗出油，又不能避免它不和外界接触。所以唯一安全的办法，就是天天洗澡。然而天天洗，还是天天脏，细胞还须天天死，细菌还要天天来，何况在夏天，何况不能常洗之人，如洋车夫、小工人等，真是苦了一般体力劳动者了。

虽然，整天地在烈日下奔走劳作的劳动者，袒胸露臂，光着两腿，日光就是他们的保障。日光可以杀菌，他们无时不在日光浴，而且劳动不息，肌肉活泼，血液流通，皮肤坚实，抵抗力甚强。这是他们天然健康美，细菌可吃其汗，而不敢吃其血，所以他们身上，汗的气味虽浓，皮肤病则多见也。

摩登妇女天天洗濯，搽了多少粉，喷了多少香，蔻丹胭脂，无所不施，然而她能拒绝细菌不时的吻抱么？而且细菌顶喜欢白嫩而柔弱的肉皮，谓其易于进攻也。于是达官贵人的太太、小姐乃至于姨太太，等等，春天也头痛，秋天也心跳，冬天发烧，夏天发冷了。

这样看来，同是肉皮，何必争贵贱，难道这一层薄薄的皮肤，涂上一些色彩，便算得健康和清洁的标准么？

我们再移转眼光去观察鼻孔、咽喉、口腔以至于胃肠各部的清洁程度。

鼻孔的门户永远开放。整天整夜在那里收纳世界上的灰尘，虽经你洗了又洗，洗去了一丝丝的鼻涕，一下子，灰尘携着成千成万的细菌又回来了。在北平[①]，大风一刮，走沙飞尘，这两个鼻孔，更像两间堆煤栈，犹幸鼻毛是天然的滤斗，把细菌灰尘都挡驾了。这些来拜访的小客人，多半都是"白喉类杆菌"及"白葡萄球菌"。有时来势凶猛，挡不住，被它们冲进去，到了咽喉。

咽喉是入肺的孔道，平时四面都伏有各种细菌，如"八叠球菌""绿链球菌[②]"及"阴性格兰氏球菌[③]"之类。咽喉把守不紧，肺就危险了。

口腔虽开关自主，而一日三餐，说话之间，危机四伏，睡眠之时，张开大口，尤为危险。从口腔，经胃肠，至肛门，这一条大道，自婴儿呱呱坠地以来，即辟为食品商埠，更进而为细菌殖民地。细菌之扶老携幼，移民来此者摩肩接踵，形形色色，不胜枚举，就中以寄居于大肠里面的"大肠杆菌"，为最著名，足迹遍人类之大肠。

这些熙熙攘攘的细菌，为摩登妇人所看不见，洗不净，不得不施以香粉，喷以香水，以掩其臭。这是车夫工人与达

---

① 北京旧称北平（1928—1949年）。
② 即草绿色链球菌。
③ 即革兰氏阴性球菌。

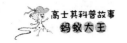

官贵人的共同点。车夫之肠固无二于贵人之肠也，车夫之屎不加臭，贵人之屁不加香。

然而贵人之食过于精美又不劳动而造成胃弱肠痛之病，车夫粗食，其胃甚强。这点贵人又不如车夫了。

贵人、贵妇人等，只讲面子，讲表皮上的漂亮、香甜，而内在的坚实、纯洁却让予车夫、工人了。

1935年10月12日

成长启示 ……外在的装扮有时是需要的，但内在的美更重要，它让一个人充满活力、气质高贵，从内到外散发着迷人的魅力。只在乎外表美而忽视内在美，始终也不会给人留下深入骨髓的美感。只有内外兼修，方可塑造属于自己的美。

03 "蚂蚁"的生活

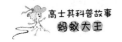

细菌的衣食住行

衣食住行不只是人类的大事，自然界的其他生物同样不能缺少，细菌当然也不例外。不信的话，就去阅读故事，科学先生不会骗你。

衣食住行是人生的四件大事，一件都不能缺少。不但人类如此，就是其他生物也何曾能缺少一件，不过没有人类这样讲究罢了。

细菌是极微极小的生物，是生物中的小宝宝。这位小宝宝穿的是什么？吃的是什么？住在哪里？怎样行动？我们倒要见识见识一下。

好呀，请细菌出来给我们看一看呀！

不行，细菌是肉眼看不见的东西，它比我们的眼珠就小了2万倍呀。幸亏260年前荷兰有一位看门老头子叫做列文·虎克先生把它发现出来。列文·虎克先生一生的嗜好就是磨镜头，在他屋子里存着好几百架自制的显微镜，天天在镜头下观察各种微小东西的形状。有一天他研究自己的齿垢，忽然看见好些微小的生物在唾液中游来游去，好像鱼在大海中游泳一般。这些微小的生物就是我们现在所要介绍的细菌。自从发现细菌以后，经过许多科学家辛辛苦苦研究，现在我们已渐渐知道它的私生活的情况了，但是大众对于细菌不过偶尔闻名而已，很少有见面的机会，至于它的衣食住行更莫名其妙了。

我们起初以为细菌实行裸体运动，一丝不挂，后来一经详细地观察，才晓得它们个个都穿着一层薄薄的衣服，科学的名词叫做荚膜。这种衣服是蜡制的，要把它染成紫色或红色才看得清楚。细菌顶怕热，若将它们抹在玻璃片上放在热气上烘，顷刻间这层蜡衣都化走，露出它们娇嫩的肤体。它们又很爱体面，当它们来到人类或动物的体内游历，或在牛奶瓶中盘桓之时，穿得格外整齐，这层蜡衣显得格外分明。细菌的种族很多，其中以"荚膜杆菌""结核杆菌"及"肺炎球菌"三族衣服穿得特别讲究，特别厚，特别容易为我们所认识。

细菌的吃最为奇特而复杂，我们若将它详详细细地分析

一下，也可以写成一部食经。在这里不便将它的全部秘密泄露，只略选其大概而已。细菌是贪吃的小孩子，它们一见了可吃的东西便抢着吃，吃个不休，非吃得精光不止。但它们也有吃荤绝对不吃素的，也有吃素绝对不吃荤的，所以我们有动物病菌与植物病菌之分。大多数的细菌都是荤素兼吃。有的细菌荤素都不吃而去吃空气中的氮，或无机化合物如硝酸盐、亚硝酸盐、阿莫尼亚、一氧化碳之类。此外还有吃铁的铁菌和吃硫磺的硫菌。更有专吃死肉不吃活肉的腐菌和专吃活肉不吃死肉的病菌。麻风的病菌只吃人及猴子的肉，不肯吃别的东西，平常住在水里或土壤里的细菌，到了人或动物的身上就要饿死。然而结核杆菌及鼠疫杆菌等这些穷凶极恶的病菌就很刁皮，它们在离开人体到了外界之后又能暂吃别的东西以维持生活。

　　在吃的方面，细菌还有一种和人类差不多的脾气，我们不可不知道的，就是太酸的不吃，太咸的不吃，太干的不吃，太淡而无味的也不吃，大凡合人类的胃口也就合它们的胃口。所以人类正在吃得有味的东西，想不到它们也在那里不露声色地偷着吃。

　　细菌的住是和食连在一起的，吃到哪里就住到哪里，在哪里住就吃哪里的东西，它们吃的范围是这样的广大，它们住的区域也就无止境了。而且它们在不吃的时候也可以随风飘游，它们的子孙便散布于全地球了（别的星球有没有我们还没有法子知道。从前德国有一位科学家特意地坐气球上升到天空去拜访空中的细菌，他发现离地面4000米之高还有好些细菌在那里徘徊）。大部分的细菌都是以土壤为归宿，而以粪土中所住的细菌为最多，大约每一克重的粪土住有115000000个细菌。由土壤而入于水，便以水为家，到了人及动植物身上，便以人及动植物的身体为家。还有一种细菌叫做"爱热菌"①，在温泉里也可以过活。

好多种细菌身上都有一根根或多根活泼而轻松的鞭毛。这鞭毛鼓舞起来它们便可在水中飞奔，伤寒杆菌能于1小时之内渡过4毫米长的路程。这一点的路在细菌看来实在远得很，因为它们的身长尚不及2微米，而4毫米却比2微米长2000倍。霍乱弧菌飞奔得更快，它们可于1小时之内渡过18厘米长的路程，比它们的身体长9万倍，别的生物都不能跑得这样快。然而细菌若专靠它们自己的鞭毛游动毕竟走得不远。它们是喜欢旅行，喜欢搬家的，于是不得不利用别的法子。它们看见苍蝇附在马尾还能日行千里，老鼠伏在船舱里犹能从欧洲搬到亚洲，它们何不就附在苍蝇和老鼠身上，岂

---

① 即嗜热菌，某些嗜热菌在水的沸点和沸点以上温度条件下也能生存。

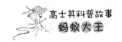

不是也可以游历天下么？于是蚊子苍蝇就成为了它们的飞机，臭虫跳蚤就成为了它们的火车，鱼蟹蚝蛤就成为了它们的轮船，自由自在地到处观光。不仅如此，它们还会骑人，在这个人身上骑一下又跳到另外一个人身上骑一下，你看，在电车上，在戏院里，在一切公共的场所，这个人吐了一口痰，那个人说话口沫四溅，都是它们旅行的好机会呀。

成长启示 虽然我们看不见细菌吃什么、穿什么、住在哪里、怎么行动，但科学先生可以，他们通过显微镜把细菌的衣食住行观察得一清二楚。如果你也想和科学先生一样，亲眼看到细菌的一举一动，那就努力学习、勤于观察、学会思考，你的梦想一定能够实现。

细菌的大菜馆

和人类一样，细菌世界也有供细菌填饱肚子或聚餐的大大小小的菜馆。也许你会问，这些菜馆长什么样子，又在哪儿呢？下面的故事会带你去参观老虎肚子里的饭馆、蚯蚓肚子里的菜馆，以及最受细菌喜爱的我们人类肚子里的高级酒店。

是人类开始的那一天，亚当和夏娃手携手，赤足露身，在伊甸河畔的伊甸园中，唱着歌儿，随处嬉游，满园树木花草，香气袭人。亚当指着天空一阵飞鸟，又指着草原上一群牛羊，对夏娃说：看哪！这都是上帝赐给我们的食物呀。于是两口儿一齐跪伏在地上大声祷告，感谢上帝的恩惠。

这是犹太人的宗教传说。直到如今，在人类的半意识中，犹都以为天生万物皆供人类的食用、驱使、玩弄而已。

希腊神话中，欧林壁山^①上一切天神都是为人而有，如爱神司爱，战神司战，谷神司食，因为人而创出许多神来。

我们古老国家的一切山神、土地、灶君、城隍也都是替人掌管，为人而虚设其位。

这些渺渺茫茫无稽之谈都含有一种自大性的表现，自以为人类是天之骄子，地球上的主人翁。

自达尔文的《物种起源》出版，就给这种自大的观念，迎头一个痛击。他用种种科学的事实，说明了人类的祖先是猴儿，猴儿的祖宗又是阿米巴（变形虫），一切的动物都是远亲近戚。这样一说，人类又有什么特别贵重呢？人类不过是靠一点小聪明，得到一些小遗产，走了幸运，做了生物的官，刮了地球的皮，屠杀动物，砍折植物，发掘矿物，以饱自己的肚皮，供自己的享乐，乃复造出种种邪说，自称为万物之灵。

布伦费尔先生，美国的一位先进的细菌学家，正在约翰·霍普金斯大学医院实验室里，穿着白衣，坐在黑漆圆凳子上，俯着头细看显微镜下的某种大肠杆菌，忽然听见我讲到"饱自己的肚皮"一句，不禁失声大笑，没有转过头来，

---

① 现写作"奥林波斯山"或"奥林匹斯山"。

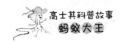
接着就说，带有一半不承认我的话的口气：

"饱谁的肚皮呀？恐怕不仅饱人类自己的肚皮吧？你就不想到①人类的肚子里还有长期的食客，短期的食客，来来往往临时的食客呀。一个个两条腿走来走去的动物，还是细菌的游行大菜馆呀。"

我本来处于摇摇孤单的地位，硬着胆说了前面的一篇话，已预计会被听众包围问难，被他这一问，倒惊退一步。但他不等我回答，又站起来，回过身倚着试验桌旁，接着侃侃而谈。

"不仅人类的肚皮是细菌的菜馆，狮虎熊象、牛羊犬鼠、燕雁鸦雀、龟蛇鱼虾、蛤蚌蜗螺、蜂蚁蚊蝇，乃至于蚯蚓蛔虫，举凡一切有脊椎和无脊椎的动物，只须有一个可吃的肚皮或食管，都是细菌的大小菜馆、酒店。不但如是，鼻孔喉咙还是细菌的咖啡馆，皮肤毛管还是细菌的小食摊，而地球上一沟一尘，一瓢一勺，莫不是它们乘风纳凉饮冰喝茶之所。细菌虽小，所占地盘之大，子孙之多，繁殖之速，食物之繁，无微弗至②，无孔不入，诚人类所不敢望其肩膊。所以这世界的主人翁，生物的首席，与其让人类窃称，不如推举细菌。"

他说到这里顿了一顿，我赶紧含笑插进去说：

---

① 指没想到。
② 即无微不至。

"然则弱小细微的东西从今可以自豪了。你的话一点都不错。强者大者不必自鸣得意，弱者小者毋庸垂头丧气。大的生物如恐龙巨象，因为自然界供养不起，早已绝种。现在以鲸鱼为最大，而大海之中不常见。老虎居深山中，奔波终日，不得一饱，看见丛林里一只肥鹿，喜之不胜，又被它逃走了。蚂蚁虽小，而能分工合作，昼夜辛勤，所获食料，可供冬日之需。生物愈小，得食愈易。我不要再拖长了。现在就请布伦费尔先生给我们讲一点细菌大菜馆的情形吧！"

布伦费尔先生是研究人类肚子里的细菌的专家。他深知其中的奥妙。

于是这位穿白衣的科学先生又开口了。这一次，他提高嗓子，用庄严而略带幽默的态度说：

"我们这一所细菌大菜馆，一开前门便是切菜间，壁上有自来水，长流不息，菜刀上下，石磨两列，排成半圆形，还有一个粉红色活动的地板。后面有一条长长的甬道，直达厨房。厨房是一只大油锅，可以放缩，里面自然发生一种强烈的酸汁，一种神秘的酵汁。厨房的后面，先有小食堂，后有大食堂，曲曲弯弯，千回百转，小食堂备有咖喱似的黄汁，以及其他油呀醋呀，一应俱全。大食堂的设备，较为粗简，然而客座极多，可容无数万细菌，有后门，直通垃圾桶。

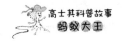
"形形色色的菌客菌主菌亲菌友，有的挺着胸膛，有的弯腰曲背，有的圆脸儿涂脂搽粉，有的大腹便便，有的留个辫子，有的满面胡须，或摇摇摆摆，或一步一跳，或匍匐而入，或昂然直入。有从前门，有从后门。

"从前门而入者，多留在切菜间，偷吃菜根肉余齿垢皮屑。然而常为自来水所冲洗，立脚不定。不然，若吃得过火，连墙壁、地板、刀柄都要吃，于是乎人就有口肿、舌烂、牙痛之病了。

"这一群食客里面，最常来光顾的有六大族。一为圆脸儿的'小球菌'，二为像葡萄的'葡萄球菌'，三为珠脸儿的'链球菌'，四为硬挺挺的'阳性格兰氏杆菌[①]'，五为肥硕的'阴性格兰氏杆菌[②]'，六为弯腰曲背的'螺旋菌'，这些怪姓，经过一次的介绍，恐你们仍记得不清啊。

"在刷牙漱口的时候，这些无赖的客人，一时惊散，但门虽设而常开，它们又不请自来了。

"婴儿呱呱坠地的一刹那间，这所新菜馆是冷清清地无声无息。但一见了空气，一经洗涤，细菌闻到腥秽的气味，就争先恐后，一个个从后门踉跄而入。假如将婴儿的肛门消

---

① 即格兰氏阳性杆菌。
② 即格兰氏阴性杆菌。

毒，再用一条无菌的浴巾封好，则可经20小时之久，一验胎粪仍杳然无菌迹。一过了20小时之后，纵使后门围得水泄不通，而前门大开，细菌已伏在乳汁里面混进来了。

"在母亲的乳汁中混进来的食客以'乳枝杆菌'一族为最多，占99%，其中有时夹着几个'肠球菌'及'大肠杆菌'。

"假如母亲的乳不够吃，又不愿意雇奶妈，而去请母黄牛作奶娘，由牛奶所带来的细菌，就五光十色了。最多数的不是'乳枝杆菌'而是'乳酸杆菌'[①]了。此外还有各种各式的'大肠杆菌''肠球菌''阳性格兰氏需气芽孢杆菌''厌气菌'[②]等，甚至有时混着一两个刺客，如'结核杆菌'，那就危险了，所以没有严格消毒过的牛奶，不可乱吃呀！

"在成年的人，肚子饿的时候，油锅里没有菜煮，细菌也不来了。一吃了东西，细菌却跟着进来，厨房里就拥挤不堪。但是胃汁是很强烈的，它们未吃半饱，都已淹死了。只有几种'抗酸杆菌'及'芽孢杆菌'还可幸免。但是在有胃病的人，胃汁的酸性太弱，细菌仍得以自全，并且如'八叠球菌''寄腐杆菌'等竟毫无顾忌地就在这厨房里组织新家庭，生出无数菌儿菌孙。而那病人的胃一阵一阵地痛了。

---

① 乳酸杆菌维护人体健康和调节免疫功能的作用已被广泛认可。
② 即厌氧菌。

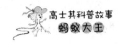

"过了厨房，就是小食堂。那里食客还不多。然而食客到了食堂就流连不忍去，于是有好些都由短期变成长期食客了，这些长期食客中以大肠杆菌为最主要。它的足迹走遍天下菜馆，不论是有色人种也好，无色人种也好，它都认得，每个人的肠内都有它在吃。"

说到这里，白衣科学先生用他尖长的右手的食指，指着桌上那一架显微镜说：

"我在这显微镜上看的就是这一种'大肠杆菌'。其余的食客恕我不一一详举。

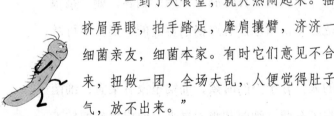

"一到了大食堂，就大热闹起来。摇头摆尾，挤眉弄眼，拍手踏足，摩肩攘臂，济济一堂，尽是细菌亲友，细菌本家。有时它们意见不合，争吵起来，扭做一团，全场大乱，人便觉得肚子里有一股气，放不出来。"

"快到后门了，菜渣和细菌及咖喱似的黄汁相拌，一变而为屎。1斤屎有四五两细菌哩。然而大部分都是吃得太饱胀死了。

"以上所述，都是安分守己的细菌，还有一群专门捣墙毁壁的病菌，那我们不称它们做食客。简直叫它们做刺客暗杀党了。这就再请别位的专家来讲吧！"

成长启示……。我们的鼻孔、食管、肚子等地方都是细菌喜欢光
顾的大菜馆，里面有它们享受不尽的美食。你可以想
象自己和家人一起去餐馆吃饭的情形——自己和家人
一桌，旁边也是一桌一桌的客人，各种美食，各种吃
相，有说有笑，偶尔也会发生一些不愉快的事情。细菌
食客的情形大概和你所经历的差不多。

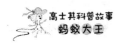

细菌的形态

自从科学先生引用染色法给细菌穿上五颜六色的服装，细菌的各色形态便清楚地出现在显微镜下。细菌到底都有什么样子呢？快去故事中了解一下吧。

有了一架可以放大至1000倍左右的显微镜，看细菌是便当的事了。只须将那有菌的东西，挑下一点点涂于玻璃薄片上，和以1滴清水，放在镜台上，把镜筒上下旋转，把眼睛搁在接目镜上一看，镜中自然隐约浮出细菌的原形来。

但是，这样看法，就好像半夜醒来，睡眠迷离中，望见天空烁烁灼灼，忽明忽昧的星河星云，看得太模糊恍惚了。

自柯赫先生引用了染色法以来，于是细菌也施紫涂朱，抹黄穿蓝，盛装艳服起来，显得格外分明鲜秀。

后来的细菌学家相继改良修进，格兰先生发明了阴阳染色法，齐尔、尼尔森两先生发明了抗酸染色法，于是细菌经过洗染之后，轮廓不特明显，内容清晰，而且可作种种的分类了。

就其轮廓而看，细菌大约可分为六大类[①]：一为像菊花似的"放线菌"，二为像游丝似的"丝菌"，三为断干折枝似的"枝菌"（即分枝杆菌），四为小皮球似的"球菌"，五为小棒子似的"杆菌"，六为弯腰曲背的"弧菌"，那第六类，有的多弯了几弯，像小小螺丝钉，又叫做"螺旋菌"。

这些细菌很少孤身漂泊，都爱成双结四，集队合群地，到处游行。球菌中，有的结成葡萄儿般的一把一把数十百个在一起，名为"葡萄球菌"；有的连成珠儿般的一串一串，有短有长，名为"链球菌"；有的拼成豆儿、栗子、花生般的一对一对，名为"双球菌"；有的整整四个做成一处，名为"四联球菌"；有的八个叠成立方体，名为"八叠球菌"。

杆菌中，有的竹竿儿似的一节一节；有的马铃薯般的胖

----

① 如今一般根据形状分为三类，即：球菌、杆菌和螺旋菌。

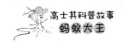

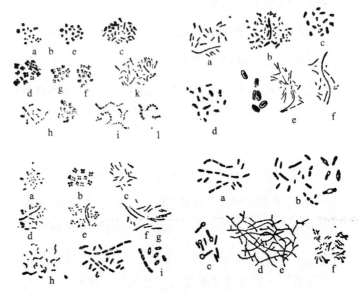

细菌的形态

上左　a，b，e—葡萄球菌；d，g，f—四联球菌，八叠球菌；
　　　h—双球菌；k—白喉杆菌；c—假白喉杆菌；i—长链球菌；
　　　l—黏液性链球菌

上右　a—大肠杆菌，伤寒杆菌；b—赤痢杆菌；c—鼠疫杆菌；
　　　d—荚膜杆菌；e—鼠败血症杆菌；f—（曾克利）杆菌

下左　a—葡萄球菌，b—八叠球菌；c—变形杆菌；d—水菌；
　　　e，f，g—色菌；h—霍乱弧菌；i—枯草杆菌

下右　a—覃状杆菌；b—马铃薯杆菌；c—破伤风杆菌；
　　　d，e—放线菌；f—结核杆菌

胖的身躯；有的大腹便便，身怀芽孢；有的芽孢在头上，身
像鼓槌；有的两端肿胀，身似豆荚；有的身披一层荚膜；有
的全身都是毛；有的头上留有辫子；有的既有辫子，又有尾

巴；长长短短，有大有小。

细菌都有点阴阳怪气，有的阴盛，有的阳多，有的喜酸性，有的喜碱性。若用格兰先生的染料一染，点了碘酒之后，再用火酒来洗，有的就洗去了颜色，有的颜色洗不去了。洗去的就叫做"阴性格兰氏球菌"及"阴性格兰氏杆菌"；洗不去的就叫做"阳性格兰氏球菌"及"阳性格兰氏杆菌"哩。这阴阳两大类的球菌和杆菌，所以别者，皆因其化学结构及物理性质有所不同，换言之，即它们生理上的作用，是不一样的呀。

有一类分枝杆菌，如著名的结核杆菌，满身都是油，很不容易染色，后来齐先生和尼先生，把他放火上烘，烘得油都化走了，于是一经染色，就是放在酸汁中浸，也洗不退，这就是抗酸染色，这一类杆菌，又被称为抗酸杆菌了。

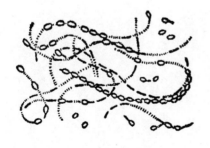

细菌的芽孢

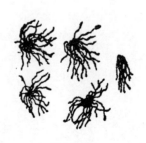

细菌的鞭毛

染色之道益精，菌身的内容益彰。细菌身上或有芽孢，

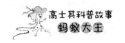

或有荚膜，或有鞭毛。前文已经隐隐提出。芽孢所以[①] 传种，荚膜所以自卫，鞭毛所以游动。

除此之外，孢中并非空无一物，有说还有孢核[②]，有说还有色粒，连细菌学家，都还没有一律的主见，我们俗人，管他这个。

1935年11月5日

成长启示……故事中把细菌的各种形态描写得惟妙惟肖，还给我们画出了基本特征。现在，拿出你的画笔，根据故事中交代的形态，把这些细菌画出来吧，有菊花形的，有小皮球形的，有小棒子形的，还有小螺丝钉形的……

———————
① 此处是"用来"的意思。
② 科学研究证明，细菌没有成形的细胞核，只有拟核，所以把细菌称为原核生物。

细菌的祖宗——生物的三元论

我们中国人更是把认祖归宗、祭祖扫墓等当作神圣的事。那么，细菌也有祖先吗？祖先又是谁呢？或许细菌还是其他生物的祖宗？生物学家对此议论纷纷，他们争论的结果是什么呢？

中国人最尊重的就是祖宗，所以现在我要谈起细菌的祖宗，一定很合你们的胃口，你们听了总不会十分讨厌罢。

不过，我们中国人从来是重男轻女，所谓祖宗都是指父党而言，和母亲娘家的人是毫无关系的。每逢年节，祭祖扫墓的事不都是纪念父系这边的死人吗？

细菌这生物，不分男女，不别雌雄，就有，也都一律平

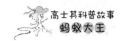
等，没有什么轻重，所以科学家不论是在显微镜下观察，或者是在玻璃器里试验，不知费了多少精神，几许工夫，总不能辨出它们，哪个是公，哪个是婆，哪个是夫，哪个是妇。

细菌的祖宗究竟是谁呢？

古今中外的帝王都有年谱。世家也有列传。细菌族里可惜没有族谱，而且从来没有人替它们立传。所以菌族先世的性状并没有记载可寻。

于是生物学者就纷纷议论起来了。

人类和细菌初次会面还不过是260多年前的事。中国人虽常吃香蕈蘑菇，然而这些都是大菌，和细菌无干。

有人说香蕈蘑菇之类的大菌便是细菌的祖宗。提出这个意见的人以为小的生物都是从大的生物而来。例如蚂蚁、蜜蜂、蝴蝶、苍蝇以及其他--切昆虫的祖宗，就是古生物时代号称为大海霸王的"三叶虫"。在当时三叶虫的躯体庞大无比，横行水中，水中小鱼小兽见了它都很羡慕，谁想到它后代的子孙，都是那么小小的。

又如龟蛇鳄鱼这一类的动物，它们的祖宗，也曾在大陆上横行过一时，那时代就叫做爬虫时代，那些爬虫，如恐龙怪蟒之类，都是顶大顶可怕的。

就是我们人类的祖宗，原始人的躯体听说也比现代人大了好些。这些不都是生物从大而小的证据吗？

然而有些微生物学者听了这话又大不以为然了。据他们说单细胞生物是多细胞生物的祖宗，而单细胞生物却比多细胞生物小。这样一说，生物的演变，又是由小而大了。

据说最近几十年内，微生物学者又发现了好几种有生命的小东西，小到连显微镜下都看不见，因而称做"超显微镜的生物"。那么，这些超显微镜的生物，是不是细菌的祖宗，而细菌又是不是其他一切生物的祖宗呢？

但是超显微镜的生物，也和细菌一样，也和香蕈蘑菇一样，都不能独立自主地生活，都须寄生于其他生物的身上，这样一说，就都没有做祖宗的资格，因为没有主人不会有客人，没有其他生物之先哪里会有寄生物呢？

这岂不是像细菌这一类的东西，只配做人家的儿孙，不配做人家的祖宗吗？

生物学者向来强把生物分做两大界：一界是植物，一界是动物。[①]

我以为既分做两界，不如分做三界。另添的一界是菌物，就是指香蕈蘑菇和细菌这一类的东西。

分做两界最大的理由，是因为植物体内有"叶绿素"，靠着这叶绿素的力量，它会利用阳光，将水及二氧化碳综合起来变成糖类。动物却没有这个本事，这是动植物两界基本上不同的地方。

---

① 目前主要按照"五界分类系统"，即原核生物界、原生生物界、真菌界、植物界和动物界五界。

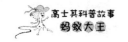

其次，就是因为动物能行动自由，不受土地的束缚，而植物则非连根带泥拔出来，就动不得，偶尔身上长有鞭毛或纤毛，然而也只能使局部略略飘动罢了，并不是全身的迁移。

又其次就是因为动物须到处寻找食物，所以具有敏锐的感觉神经，而植物无须仔细去辨别食物，所以并没有像动物那样敏锐的感觉。

又其次就是因为这两界的生物的形态大不相同。动物的身体都是缩做一团，上面有一条孔道可通食物，又具有消化器。植物所吃的东西都是气体和液体，这些东西四处都有，又无须经过消化的手续，所以它们的"枝""干""叶""根"都是四面张开。

现在大个子的菌物，如香蕈蘑菇之类，都是附着树干上而生，它们的外貌和植物没有两样，所以生物学者都把它们认做植物，可是它们的内容并没有一点叶绿素。没有叶绿素又怎样配称做植物呢！

至于细菌这一类小小的东西，固然有的也在土中生长，有的也随着空气而飘荡，有的也在水中奔波逐流，有的竟漂泊到动植物身上去，就是你们人类的肚子里也有它们的踪迹，它们身上的鞭毛又很活泼，在液体中游动起来，真比汽船潜艇还快，这些都充分地表示它们是可以自由行动，并不受土壤的节制。况且它们身上也没有一丝一毫的叶绿素，这样看来应当把它们归于动物一界了。

然而生物学者犹豫了半世纪之久，后来到底因为它们的生活状态极似大菌，终于通过列它们于植物之界了。①

细菌族里还有一位螺大哥，它们的形状弯弯曲曲，很像螺丝钉，因为它身上没有鞭毛，靠着它自身一弯一曲的力量，而能飞快的游动，因此有时生物学者又把它拉入动物之界了。

这似乎有点不公平。这是生物学传统的观念，以为生物只能有两界，不是植物，便是动物，只看形式，不顾实际。

植物固然有叶绿素，能自制糖。这糖便是植物自身的食料，但它却是造得太多了，而有过剩，这些过剩的食料便送给动物吃了。

动物因为有消化器，所以能把这些植物所过剩的食料，分解了而又重新综合起来，变成自身组织的结构。若植物只管制造食料，动物只管吞吃食料而没有第三者出来代自然界收回这些原料，以供植物的再取再用，那生物界就有绝食之虞了。

这第三者的工作，就是菌物界的各分子来担任了。

香蕈蘑菇②的工作，就是去分解树皮、树干、树枝、树叶这一类坚硬的东西，使它们软化，然后昆虫吃了才能

---

① 在"五界"分类系统中，细菌属于原核生物界。
② 在"五界"分类系统中，香蕈蘑菇属于真菌界。

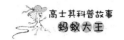

消化。

细菌的工作，就是去分解动物的尸身，把它们变成各种无机物，以供植物直接从土中吸收。

由此可见生物的循环，是有三大段，第一段是植物的工作，第二段是动物的工作，第三段便是菌物的工作了。

生物既分做三界了，菌族的地位，也就名正言顺，落落大方，不必依傍他物了，于是菌族的祖宗也就有些眉目可寻了。

这些眉目在哪里呢？

我们现在请达尔文先生出来作见证吧。在达尔文先生的《物种起源》里，一切生物的进化程序，可以说都是由简单而复杂。

这样一说，单细胞生物无疑的是多细胞生物的祖宗了。

"阿米巴"是最简单的单细胞动物，于是阿米巴就做了动物界的祖宗了。青苔①是最简单的单细胞植物，于是青苔就做了植物界的祖宗了。细菌是最简单的单细胞菌物，于是细菌也就做了菌物界的祖宗了。

这三界是一样的重要，缺一不可，这是生物的三元论。

_____

① 在"五界"分类系统中，阿米巴和青苔属于原生生物界。

阿米巴、青苔和细菌是生物的三位"教主"。然则谁是生物的"太上老君"呢？那就渺渺茫茫无从考据了。

成长启示……科学先生们争来争去，最后确定细菌是菌物界的祖先。那你知道自己的祖先是谁吗？问问爸爸妈妈，有家谱的可以查查家谱，看看自己的祖先到底是谁。

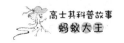

清水和浊水

水对于我们的重要性，仅次于空气。但是，水可以解毒，也可以致病。那么，什么样的水可以解毒，什么样的水可以致病呢？答案就是清水和浊水。何谓"清"？何谓"浊"？阅读下面的故事来一起学习吧。

去年夏天各省抗旱，今年夏天江河泛滥，农民叫苦连天，饿尸遍野，水的问题够严重的了。

伍秩庸先生论饮水说：

"人身自呼吸空气而外，第一要紧是饮水。饮比食更为重要，有了水饮，虽整天的饿，也可以苟延生命。人体里面，水占七成。不但血液是水，脑浆78%也都是水，骨里面也有水。人身所出的水也很多，口涎、便溺、汗、鼻涕、眼泪等都是。皮肤毛管，时时出气，气就是水。用脑的时候，脑气运动，也是出水。统计人身所出的水，每天75两①。若不饮水，腹中的食物渣滓填积，多则成毒。如果能时时饮水，可以澄清肠脏腑的积污，可以调匀血液使之流通畅达，一无疾病。"这一篇话，自然是根据生理学而谈。于此可见，水的问题对于人生更密切了。

然而，一杯水可以活人，一杯水也可以杀人。水可以解毒，也可以致病。于是水可以分为清水和浊水两种，清水固不易多得，浊水更不可不预防。

18世纪中，英国大化学家卡文迪什在试验氢与氧的合并时，得到了纯净的水。后来法国大化学家拉瓦锡证实了这个试验，于是我们知道水是氢和氧的化合物。这种用化学法来综合而成的水，当然是极纯净极清洁的了。然而这种水实在不可多得，只好用它做清水的标准罢了。

> 一切自然界的水，多少总含有一些外物。外物愈多则水愈浊，外物愈少则水愈清。这些外物里面，不但有矿物，如普通盐、镁、钙、铁等的化合物之类还有有机物。有机物里面，不但有腐烂的动植物，还有活的微生物。微生物里面，不但有普通

① 1两=50克。

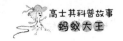
的水族细菌，如光菌[①]、色菌之类，还有那些专门
害人的病菌，如霍乱弧菌、伤寒杆菌、痢疾杆菌
之类。

自然界的水的来源，可分为地面和地心两种。地面的
水有雨水、雪水、雹、冰、浅井、山泽、江河、湖沼、海洋
等。地心的水就是深井的泉水。

雨水应当是很干净的了。然而当雨水下降的时候，空
气中的灰尘愈多，所带下来的细菌也愈多。据巴黎门特苏里
气象台的报告，巴黎市中的空气，每1立方米含有6040个细
菌，巴黎市中的雨水，每1升含有19000个细菌。在野外空旷
之地，每1升的雨水，不过有一二十个细菌。

雪水比雨水浊，这大约是因为雪块比雨点大，所冲下的
灰尘和细菌也较多吧。然而巴斯德曾爬上阿尔卑斯山的最高
峰去寻细菌，那儿的空气极清，终年积雪，雪里面几乎是完
全无菌的了。

雹比雨更浊。1901年的7月，意大利拍杜亚地方下了一
阵大雹，据白里氏检查的结果，每1升雹水至少有140000个
细菌。这或是因为那时空气动荡得很厉害，地上的灰尘吹到
云霄里去，雹是在那里结成的，所以又把灰尘包在一起，带
回地上了。

———————————

　　① 即发光菌。

冰的清浊，要看是哪一种水结成的。除了冰山冰河以外，冰都是不大干净的啊，因为在冰点的低温度，大多数的细菌都能保持它们的生命啊。

　　浅井的水，假如井保护得法，或上设抽水机，细菌还不至于太多。若井口没有盖，一任灰尘飞入，那就很污浊了。

　　山涧的水，不使粪污流入，较为清净，所含的微生物，多是土壤细菌，于人无害，但经一阵大雨之后，细菌的数目立刻增加了好几倍。

　　江河的水最是污浊，那里面不但有很多水族细菌和土壤细菌，而且还有很多的粪污细菌，这些粪污细菌都有传染疾病的危险呀。粪污何以曾流入江河里面呢？这都是因为无卫生管理，无卫生教育，于是一般无训练的民众都认为江河是公开的垃圾桶，在这一个大错之下，不知枉送了多少性命呀。

　　湖沼的水比江河为净。水一到了湖就不流了，因为不流，那儿无数的细菌都自生自灭，所以我们说湖水有自动洗净的能力，而以湖心的水比傍岸的水尤为清净少菌。

　　海水比淡水为净。离陆地愈远愈净。1892年英国细菌学家罗素在那不勒斯海湾测验的结果，在近岸的海水中，每1立方厘米有7万个细菌，离岸4000米以外，每1立方厘米的海水，只有57个细菌了。在大海之中，细菌的分布很平均，海底和海面的细菌几乎是一样的多。

由地心涌出的泉水和人工所开掘的深井的水是自然界最清净的水。据文斯洛的报告，波士顿的15个自流井，平均每1立方厘米只有18个细菌。水清则轻，水浊则重。清高宗曾品过通国之水，以质之轻重，分水之上下，乃定北平海淀镇西之玉泉为第一。玉泉的水有没有细菌，我们没有试验过，就有，一定也是很少很少的了。

水的清浊有点像人，纯洁的水是化学的理想，纯洁的人

是伦理学的理想，不见世面，其心犹清，一旦为社会灰尘所熏染，则难免不污浊了。

　　清水固然可爱，然而有时偶尔含有病菌，外面看去清澈无比，里面却包藏祸心，这样的水是假清水，这样的人是假君子，其害人而人不知，反不如真浊水真小人之易显而人知预防。而且浊水，去其细菌，留其矿质，所谓硬性的水，饮了，反有补于人身哩。

107

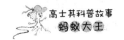
　　化学工作上，常常需要没有外物的清水。于是就有蒸馏水的发明，一方将浊水煮开，任其蒸发，一方复将蒸汽收留而凝结成清水。这种改造的水是很清净无外物的了。

　　医学上用水，不许有一粒细菌芽孢的存在。于是就有无菌水的发明。这无菌水就是将装好的蒸馏水放在杀菌器里消灭，将水内的细菌一概杀灭。这样人工双重改做过的水，是我们今日所有最纯净的清水了。

　　浊水还可以改造为清水，人呢？

1935年8月10日

成长启示……故事除了介绍自然界中的各种水，还把水的清浊与人联系起来，有的人从外表看清纯可爱，但藏着一颗阴暗的心。嫉妒、自私等这些害人害己的心理，就是人内心专门捣乱的"细菌"。

地球的繁荣与土壤的劳动者

人类的生活离不开土壤，而土壤的肥沃与平衡离不开它的劳动者。土壤的劳动者是谁呢？蚂蚁？蚯蚓？人类的锄头？农民所施的肥料？都不是。是细菌。不可思议吧！细菌究竟有何能耐，能担当起"土壤的劳动者"这一殊荣？一起去了解吧。

吾乡福州，环山抱海，在人迹未到之前，原是闽江北岸鼓山脚下一片荒地，几块乱石而已。后来，由苗民部落，而田舍，小村，小镇，而县城，而府治，而今日福建的省会，其间也曾做过好几年帝王的宫城，至今城内犹留下三座秀丽的小山——于山、乌石山及屏山，是当初的三块大石头，当

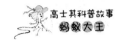

苗民初来时，荆棘野草满目，不堪行人。后经他们一步一步地踏成羊肠小径，渐渐化为泥路。汉族移民到此，把它砌成为石子路，又改造为石板路。吾家在于山之麓，我幼时，到明伦小学去读书，天天从家里出来，要转好几个弯，这些石板路，是走得极其纯熟的了。谁知15年之后，回到故乡，已街道改观，不识旧人，三坊七巷之间，都是宽大平坦的马路了。

由羊肠小径变成平坦大道，由荒野乱石变成热闹的都市，这个浩大的工程，谁的功，谁的力，谁的汗滴成的呢？

埃及的金字塔，中国的万里长城，欧洲各处的大教堂、皇宫，纽约的摩天大厦，地球上一切伟大的建筑物，君王只须一道命令，阔佬只须一张支票，工程师不过绞了一点脑汁，谁在那里天天流汗、呼喊、挣扎而造成的呢？这些建筑物，千古长存，任人凭吊，而流汗的大众却早已被后人所遗忘了。

太阳是群星的一颗，地球又是太阳的一粒碎片，福州只是地球上的一抔黄土，几根青苔而已，那些大的建筑物，在地图上，却不过是一点一圈一横一直罢了。

地球是我们人类的家乡。地球的年龄，据地质学家的估计，大约是46亿年。当它初从太阳怀里落下来的时候，是一团火焰，溶化着各种元素。后来慢慢地冷下来了，凝结成了一块橘子形的大石头，直径不及8000英里^①，地心犹是火焰，地面热腾腾的蒸汽。后来地面起了皱纹了，凹凸不平，凹处蒸汽冷了，变成海洋，凸处成为高山。高山的岩石，被风霜冰雹打成碎片散沙，为大雨所冲洗而下，随江河的急流而入于海。这些散沙，在海底浸润了几千万年之久，变成烂泥，等到了环境和气候都适合于生物生存的时候，于是小小的生物，如阿米巴、海藻之类，斯斯文文，不慌不忙地，从烂泥中，一个个跳出来，和太阳行见面礼。这时候的地球是阿米巴和海藻的世界了。

又过了几千万年之后，三叶虫出世，夺了阿米巴的宝座，自称为大海霸王，如今一切的昆虫，都是它后代的儿孙。

再过了几千万年，大鱼小鱼都出世了，还有一跳一跳的癞蛤蟆也跟着后面来了。有一天癞蛤蟆露出头来在水面观光，发现了陆地，大喜，哇的一声，一跃而上，觉得这里倒很清净，从那天起，时时带它的老婆儿女，出没于水陆之间，号称两栖。这时候陆地上也有了一层烂泥了。

由于蛤蟆的领导，大海里的动物，都要爬到陆地上去觅食，但是它们水里游泳已惯，一旦爬上岸，只得匍匐蹒跚而行，后来觉得陆地上有趣，都不肯回到水中，于是就有爬虫类的出现。这些洪荒时代的爬虫，都是奇形怪状，庞大无

---

① 1英里=1.609344公里。

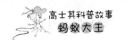

比。它们无时不在追捕弱小的动物，以充饥肠。弱小的动物，被它们迫得无处逃生，经过几百万年的奋斗，果然有一天，前身两臂渐渐化成翅膀，奋力一伸，飞上天空，于是天空就有了飞鸟了。

地面上的气候，一天比一天冷了。赤身光体的爬虫，抵不住寒风的侵袭，为应付新环境，自然界就产生了哺乳类动物。哺乳类全身都有很厚很长的毛，可以御寒。它们又感到卵生之不便，把孵育的工作收回子宫里面，等到胎儿的雏形完成之后，才离开了母体。胎儿出生之后，又把它放在安全的地方，喂以母乳，教之觅食，直到长成能自往觅食为止。这时候陆地上已有了森林了。

哺乳类动物以猿猴为最聪明。它利用了两手攀登树木，剖吃果实，渐渐有了起立步行之势。

大脑渐渐地发达了，有了记忆力，就发生了情感作用；有了想象力，就发生了理智作用。结合情感与理智，便有了创作发明的力量，于是原始人竟和猴子有些不同了。他看见地上有许多石子和火石，就拣几个起来，制成种种石器，或粗或细，可以猎食，可以防身。由原始人到现在，据说已有50万年的光阴了。至少，在第四次冰河退走之后，第一个和现代人一样身材容貌之真人出现的时候，距今也有25000年了。

石器时代过去了。人类分支繁殖起来，征服了动植物，居然做了地球上唯我独尊的主人翁了。由狩猎的生活而进为①渔牧的生活，而进为耕种的生活，而进为工厂机械商人大腹贾②的生活了。由野人一变而为酋长，由酋长一变而为国王皇帝，由国王皇帝一变而为资本家，资本家一亡，便为劳动者的世界了。由于怕鬼怕天怕黑暗而入于神学的思想，神学不足信，乃代以玄学，玄学不足信，乃代以科学发达起来，于是火车、汽车、轮船、飞机、无线电、120层摩天楼、电梯，一上一下，飞来飞去，时东时西，忙个不了，流线型的生活，穷极物质之奢，把地球的面皮抓得怪痒难受的。假使原始人复活起来，走到南京路上，一定目瞪口呆，东张西望，不知怎样是好，手里所存的一块石头子也忘其所用了。现代人果然厉害！

　　然而，追本还原，生物的原始，是从烂泥中出来的，地面上一切生物的繁荣，也都靠着烂泥里面食料的供给，源源不绝。人类一切的进步，科学一切的发明，也都要归功于烂泥。烂泥是一切生命创作的源泉啊。

　　烂泥就是土壤。土壤的结构，是矿物的粉粒与有机物的碎片相拌，再和以水或空气。有机物是由于动植物的尸身分解而来。动植物的死亡相继不已，则有机物的供给无穷。然而矿物的粉粒有时不足。徒有有机物而无矿物，则

---

　　① 意思是进化为。
　　② 旧时称富商，含讥讽意。

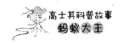

是垃圾堆，不是土壤。徒有矿物而无有机物，则是沙滩，也不是土壤。

所以，要使土壤里面的食料不至于完尽，以维持地球的生活，一定要时时补充，时时变换。这变换和补充的职务，谁能担任呢？谁是土壤的劳动者呢？

是蚂蚁吗？是蚯蚓吗？

蚂蚁、蚯蚓，在土壤里，钻来钻去，忙的是自己的吃饭和居住的问题，不过它们奔走的结果，确有松解土壤之功，使空气得以流通，然而对于变换和补充土壤的工作，它们是丝毫没有能力的啊。

是人类的锄头么？是农人所施种的肥料么？

锄头也不过是松解土壤，肥料只是增加土壤里有机物的容量而已。

土壤的劳动者，就是我们肉眼看不见的小宝宝，叫做细菌啊。土壤细菌的生生世世，唯一工作，唯一的使命，就是变换土壤的性质，补充土壤的原料。这等工作，除了土壤细菌而外，断非其他生物所能胜任。

大多数的土壤细菌，都盘踞在离地面2～9英寸深的土壤里面。入土愈深则细菌愈少，在含湿气多的土壤，两三英尺深以下，就几乎完全没有细菌了。在经人灌溉过的松软的土壤里面，到了9英尺深，还有细菌。每克的土壤，含有300万至2亿个细菌。有这样多的细菌在那里工作，无怪乎土壤常常都是又肥又新鲜。

自阿米巴以至于人类，自青苔绿藻以至于大树上的残花枯叶，地球上一切的生物，不死则已，死了都要归入土中。细菌见了，就围着吃，慢慢地把它们身上的复杂的蛋白质，或纤维素，一点一点地都分解下来。有的变成碳酸气，送入空气中。有的变成阿莫尼亚，又氧化成为硝酸盐，这硝酸盐就是植物的最重要的一种食料，植物的根可以从土中自由吸收。硝酸盐是土壤的宝藏，它的供给所以能源源而来者，就是靠着土壤细菌昼夜不息的工作哩。土壤细菌实是地球上最重要的劳动者，土壤的变换与补充，实是地球上最浩大的工程。

然而，在这资本主义还没有完全消灭的时代，劳动者还是被人看不起，小小的土壤细菌，能引起人类的注意吗？

1935年10月9日

成长启示……土壤的变换与补充，是地球上最浩大的工程，所以说土壤细菌是地球上最重要的劳动者一点儿也不为过。现在，你还认为细菌一无是处吗？全面地看待问题，才能客观地对待事物的优点与缺点，同样，全面地认识一个人，你就不会只看到他的缺点了。

04　捣乱分子——病

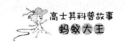
病的面面观

　　疾病，在我们的生活中见怪不怪，小到感冒、头痛、发热，大到一些需要住院治疗的肝病、肺病、肾病，甚至癌症。然而，病从哪里来？要到哪里去？为什么我们总觉得病来如山倒，病去如抽丝？……这些问题也许你和我一样知之甚少。那就一起去探究吧。

　　病是中国人的家常便饭，西洋人的午后茶点，司空见惯了，它的辛酸苦辣，没有谁不知道哩。有许多人听了病这一字，不免愁眉皱额，叹一两口气，滴几滴同情的眼泪。在这个讲不得卫生的年头儿，谁没有过病的经验，或是见家人病，或是见人家病，或是自己倒在床上起不来。有的人一身都是病，一旦传染流行起来，一家，一村，一市，一国，甚至于全地球都要被它踏遍了，还不肯于短时间内退兵，真是愈说愈厉害了。

病之来也如风如迅雷闪电，猝不及防，出人不意，然亦有时得之于有意无意之间。病之去也如五月间的梅雨，留下许多污泥水印。病有呻吟唉呵之声，枯黄惨白之色，脓臭汗药之味，憔悴瘦削之容，充满了疲惫沉闷的空气。病虽与生同居，却与死为邻，思至此，不禁为之提心吊胆。

然而普通人只有病的经验，说不出病的道理来，不知病的起源，病的趋向，病从何方来？到何方去？前一刻还没有病，怎么这一刻就病了？从哪一分哪一秒病起？哪一分哪一秒病止？人怎么样才算病？病怎么样才算好？好人和病人究竟有什么区别？病重者易见，病轻者难辨，病有时看不出，验不出，有时说不出，有时不愿说出，不便说出，不敢说出，人不是时时刻刻都有病的危险吗？好了又病，病了又好，病都病了，也都好了，还有不免一死，一死而了，做人真难做，病到底怎样讲，也应当有一个界限，有个标准，有个分寸，病到底是什么定义呢？真是使一般人听了，摸头摸

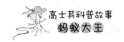

脑摸不着，没奈何。[①]

因为病轻者难辨，于是病可以假。记得做中学生的时候，欲请假无由，假病为由。校医验病，一向只看热度及脉跳。假病的惯例，先吃一碗辣酱面，再去大操场快跑一圈，即到医院。校医验罢，一声不响，准假单立挥而就。

因为病有时看不出，于是病又可以假了。观乎报上所载各种要人的病，时而来沪就医，时而上莫干山，时而迁青岛，时而飞庐山，凡不能了不易了的公事，均以一病了之。病则辞职有词，免职亦有词。要人诚[②]多病，病多看不出。

因为病有时验不出，所以医生可以说病人并无病，是神经作用，是心理虚构。我曾在某医院住了半年，半年之中，看见不少病人，而最奇怪的病，莫如一种似病非病，无病的病人，医生天天说他无病，他天天在医生面前摸头弄手，指口画心，一五一十，诉他的病。医生终于无法验出他的病，他也终于无法，垂头丧气，出院去了。

妇人的病，多说不出，多不便说出。身有暗疾，或犯性神经衰弱，及一切不漂亮的病，则不愿说出。若不幸而得花红柳绿的病，则更不敢说。面子要紧，病在其次，所以这些病都不肯直说了。

---

① 即无可奈何。
② 实在，的确。

病居然也有贵贱善恶之分。达官贵人的病，总是公事太忙，操劳过度。小工穷人的病，总是前生恶报，自作自受。

娇生惯养的公子哥儿小姐少奶奶，经不起风吹雨滴太阳晒。出不得门，走不得远路，爬不上高山，穿衣吃饭都须人扶持服侍，这些人虽无病，而他们的做作架子有甚于病人，可以称做有病意的好人了。

17世纪时代，法国大文豪伏尔泰，一生为病魔所缠，而他不断地努力、挣扎、奋斗，活到了84岁，所遗留下来的作品之多，恐怕除了歌德之外，没有人敢比了。19世纪，苏格兰的著作家斯蒂文生①，是一位长期的肺痨病者，而他的《宝岛》及其他小说等，就是在病中作的，至今仍脍炙人口。这两位先生，又是虽病不病的病人了。

病与好之别在旁观者看来是一样，在病人自己看来又是一样。

在病人，自然觉得，病的时期是多么苦痛，好的时期是多么清爽。心与身是相互联系的。伤风生病，伤心也会生病。而且病的轻重，随着心境而变化，心境的悲乐也随着病而变化，时而希望，时而失望，时而绝望。绝望之为虚妄正与希望同。然而这是旁人不关痛痒的话。病人的苦心，又岂无病的人所能知，有几个人大病在身，能神色不变，怡然自

---

① 指罗伯特·路易斯·史蒂文森，19世纪英国伟大的小说家，代品作品有《金银岛》《化身博士》等。

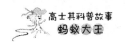
得呢？果而，则是天人，与自然同化。

在医生，靠他课堂上所闻，书本上所见，实验室所做，及临床所记录，等等，综合而得来的学识，于是一个一个排在病房中，或坐在门诊间里面，各种各色的病人，都是他动口动手试验的试验品了。这个人的病状报告及诊视结果，再佐以痰血屎尿的检查，假如和他记忆中的某种理想的病象相符合，就没有问题了。万一遇到一种记忆里模糊，或记忆里没有过的病症，一时脑子里忙乱起来，于是寻参考书，请大医生，或用好言来对付敷衍病人，心里也就平静了。至于病人的进展，病的去向，管不着，病人的经济能力，病人的家境，病人心中的苦痛，更不喜多问了。病是什么？病是医生的生意，病人是医院的商品，病是一种学问，医生是商人而兼学者，有时还能做官呵，医生与病人的真正的关系，七分在钱，二分在学问，或有一分在治病。

以病人为商品，为试验品，这不过是一般医生的眼光，医生的心理。以病的大事，完全付托与一两个年轻、唯利是图的医生，不啻①以生命来作赌物，医生有时承担不起这种输赢的责任啊。那么，怎么办呢？病是什么？人为什么病？病到底是怎样解说呢？

我们且看病的内容，病的枝叶花果，然后寻出它的

———————

① 无异于，如同。

根由。

人身上下内外，自头皮以至于脚趾，自心内膜以至于皮肤，没有一块肉，不可以病。有限于局部，有遍于全身。举凡消化、呼吸、排泄、血液、血管、心房、内分泌腺、神经、特觉、肌肉、骨骼等各系统各器官，皆有发炎、破裂、溃烂、硬化、变态诸危险。

人身无时无刻不在环境包围攻击之中。夏日热要中暑，北风冷要受寒。登高山有山病，潜海底有水病。既晕车，又晕船。煤毒，金毒，砒毒，酒、烟、鸦片、吗啡种种毒品，牛腊肠罐头，有时也含毒质，都可以致病。营养不足会病，新陈代谢失调也会病。真是病不可胜病。这些病还是自己走上门来，没有别个主使，没有别个来侵害哩。

生物界中，各级分子，到处抢食。有的爬近人类身旁，人肉也香也中吃，索性咬他一口。这一咬，人不是伤就是病，或是死，不死，就要反攻复仇了。然而有时是人把它吞下去了，它没有闷死，于是就将计就计，在肚子里反攻复仇。结局，谁死谁活，要看谁的手段高，或竟两下协调，这一辈子可以相安无事了。

老虎咬人，只须一口，生与死直接交代，没有病在中

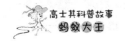

间，所以老虎之咬，是死的因，不成病的因了。

疯狗咬人，不是狗要吃人，是狗口涎里的微生物要吃人，所以狗不过是病的桥梁。那微生物是病的坦克车了。

毒蛇咬人，人吃毒鱼，蛇和鱼不是病因，而它们所分泌的毒，却是病因了。

臭虫、蚊子、鼠蚤咬人，它们只贪吃一点人血罢了，却都不是病因。但是它们有时包藏祸心，变成为传染病的轰炸机，所投下的炸弹，都是极凶狠的微生物，而演成黑热病、疟疾及鼠疫的惨变。这些微生物才是病的元凶，病的主犯。

微生物未必皆害人生病，然而由外界侵入的病，则必由于一种微生物作祟。

微生物是肉眼看不见的生物。因为看不见，所以容易混入人体，而人不知，这是侵害人体内部的第一条资格。若是苍蝇冲进口里，蚂蚁爬入鼻孔，早已没命了。

微生物种类甚繁，分布甚广，其害人者，多寄生于人畜及昆虫体内，所以又名寄生物。在多细胞动物中，有蛭，有带虫，有线虫，有疥虫诸类；在单细胞动物中，有变形虫，有疟虫，有鞭毛虫，有纤毛虫，有螺旋虫诸类；在单细胞植物中，有丝菌，有线菌，有酵母菌，有球菌，有杆菌，有螺旋菌诸类，统曰细菌；此外还有一类最小的生物，小到连显微镜都看不见，科学的名词，叫做"滤过性病毒"，天花、麻疹、疯狗咬（狂犬病）病，等等，就是它们所下的毒手。

这些怪姓怪名的生物，不过先请出来见一见，以后当有再谈的机会。

这些微生物，有一个侵入人体，去吃人的细胞，病就开始，拼了一个你死我活。它不退尽杀尽，病不能好，或竟双

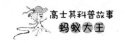
方实行共同生活，病也就无形之中去了。

1935年10月19日

成长启示 ……。各种各样的病，虽说是细菌惹的祸，但如果我们能做好预防，保护好自己，细菌就会少一些可乘之机，我们患病的概率也就会少一些。七分防，三分治，防才是重中之重。

传　染

　　提起传染，唯恐避之不及大概就是大家的心理。如果我们身边有一个传染病病人，我们都会躲得远远的，或者掩住口鼻。那么，你了解疾病是如何通过一个人传染给另一个人的吗？只有了解传染的过程，我们才能更好地保护自己。

　　晚上，如果你打了一个哈欠，在你身旁的人也打了一个哈欠，能不能说他是受了你的传染呢？

　　不能这样说，因为打哈欠是一种普通的生理现象，与传染不相干。

　　传染现象最显著的例子是伤风咳嗽、流行性感冒和肺炎。咳嗽如果长期不停的话，是很危险的，尤其是带有结核

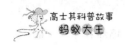
菌的咳嗽。

一个人如果咳嗽得很厉害，到处喷射病菌，和他接触的人，都有受传染的可能。所以，在咳嗽的时候，必须掩以手帕，或戴上口罩，这是公共卫生道德。

一般说来，传染的过程，都包含着三种因素。

第一种因素，就是传染的因子。这是指病菌、病毒和寄生虫而言，这些都是肉眼看不见的敌人。长久以来，它们就养成寄生生活的习惯，有时候，还分泌出一种猛烈的毒素，对于寄生的细胞妄加破坏，这就造成了对人类健康和生命的莫大威胁。

第二种因素，就是传染的对象。人和动物，在他们漫长的一生中，随时随地都会遭遇到病菌突然的袭击，尤其是当身体虚弱、营养不足的时候。这种灾祸，就是最低级的生命，也难幸免。

不过，高等动物和人类，由于高级神经系统非常发达，保护性的作用非常完善，有的人抵抗力强盛，就是一时受到传染，也不发生任何临床症状。

巴甫洛夫说过："传染的过程，就是机体和病菌之间的斗争，斗争的结果，不是敌人的失败，就是敌人的胜利。"但是，有时候细菌和人和平共处，相安无事，这就产生了免疫现象。不要忘记，

这种均衡一旦失去，病仍旧会发作起来。

在这里，我们还应当严密注意，有一种人叫做"健康带菌者"，他受了传染之后，自己不发生病状，却带着病菌到处散布，到处传染。对于这种人，要及时揭发和根治。

第三种因素，就是传染的媒介。这是指污浊的空气、生冷的水、飞扬的尘土、污手、污染过的食物、病人的排泄物和用具而言，特别是蚊子、苍蝇、跳蚤、虱子之类的昆虫，它们的活动，使得微生物界的敌人得到了攀登人体的桥梁。

现在秋天到了，这是蚊子最活跃的季节，当你在墙角发现一两个蚊子的时候，应当想起，这是除四害[①]的工作没有做好。这些蚊子，有的带着传染的因子——乙型脑炎病毒或疟疾原虫——正在寻找对象哩！我们还得提高警惕，注意预防啊！

1956年8月

成长启示……想要躲开传染病，我们就得从多方面做好预防。饮食上要荤素搭配，多吃新鲜水果蔬菜，加强锻炼身体，提高免疫力，让免疫力成为自己身体的一个保护罩，传染病就不会盯着你了。

---

① 20世纪50年代制定的消灭苍蝇、蚊子、老鼠、麻雀的任务，但后来麻雀被证实为对人类有益的鸟类。

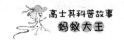
寄给肺痨病贫苦大众的一封信

肺痨病是威胁人类健康的一大疾病。那么，什么是肺痨病呢？它能治好吗？它怎么预防呢？你的疑惑在故事中都有解答。

肺痨病[1] 是人人都有的。从前德国有一句老话，说："每一个人在他生命结束的那天，都得了一点肺痨病。"这句老话是有根据的。因为不论得哪一种病而死的人，就是没有病而死的人，经过了解剖，在他们的肺尖肺叶上，都发现了结核的斑痕，不过有好些人，营养充足，抵抗力强盛，虽

---

[1] 即肺结核病，曾经得到有效控制，但20世纪90年代以来，肺结核病再度在全球范围内流行。

得了肺痨，不至于发作罢了。肺痨病实是人类共同的负担，不单是你们私有的问题，人类个个都要愁着这个问题才是，请你们不必单独地过于自愁啊！自愁徒加重了自己的痛苦，加重了自己的病症。我们要大家合力愁，才能愁出一个办法来。

大家愁，怎样愁法，有钱的人代没钱的人愁，无病的人代有病的人愁，医生代病家愁，政府代人民愁，这些都是慷慨而有办法的愁。然而，在这个自私自利的现代社会里，这些话都等于空想，应当代愁的人，不特不代人愁，反而加重了人的愁，还有什么话讲。终于是苦了你们经不得多愁的人，既愁病，又愁穷，愁上添愁，愈愁愈病，愈病愈穷，苍天苍天，太迫人了。在这个呼天不应呼人不顾的时候，我们到底还有一口呼吸，在我们就应当继续着挣扎，贫病到极点，而还能付之一笑，才是做人做出真味来。

你们先要知道，肺痨病的发作是可以避免的。现在欧美科学先进的国家，肺痨病的死亡率，都已减低了。他们防痨的办法，有四条政策：

第一条，改良人民的生活，使他们的住所有充足的阳光，充足的新鲜空气；使他们的饮食有充足的滋养料；使他们有清洁的习惯，使他们工作的情形，不过于劳苦，合于卫生。

第二条，教育人民，灌输卫生的常识，劝告和禁止他们

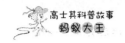
不可随地吐痰，少饮酒，不可很多人聚在一个小小黑暗房间里面，此外对于母亲和婴孩的健康，更要特别注意。

第三条，将病人隔离，另外好好地服侍；病重的人，送到医院里去疗养。

第四条，病人早期治疗，一旦发现有肺痨病，立刻就送往医生检查，立刻就施以治疗，不稍拖延，不肯姑息，这样地，肺痨病就好得快，好得完全。

这四条，差不多都要有钱的国家，有钱的人民，才能办得到。像我们这个穷国，这个大肺痨病国，连国家和人民的经济，也都得了极深的肺痨病，国民生计且恐慌到极点，又哪里有钱来讲病计呢？检查要钱，治疗要钱，请医生要钱，住医院要钱，甚至于没有钱买不到好空气、好日光、好食物哩。真的，没有钱的人就任他们一边饿一边病，坐以待毙吗？

然而，有一件很要紧的事，可免肺痨病的传播，是一件不需钱而办得到的事，而且在你们掌握之中，就是不要吐痰，不要随地吐痰，痰固然是非卖品，不吐痰也不必花钱，不会蚀本，而吐痰恐怕被巡捕警察看见还要罚金啦。随地吐痰等于放火杀人，是一件很危险的事呀。现在再给你们讲不要吐痰的理由。

肺痨病是由于有种略带弯曲的杆形细菌，侵略人体肺脏所发生的结果，这种病菌就叫做结核病菌。它们散布的地方很广，而以人烟稠密之处为尤多。它们传染的来路有两条。一路是从痨病牛的奶来的，我们没有钱吃牛奶的人不去管它。一路就是从肺痨病人的痰来的。从前有一位美国细菌学家曾用试验来估计过，在每24小时之内，一个肺痨病颇深的人，口里所放出的结核杆菌，共有15万万到40亿。肺病的痰和灰尘相伴，等到干了，随风飞扬，到处传染。于是马路上，弄堂里，电车火车上，戏院菜碗里，一切公共的场所，都有了这些结核杆菌的灰尘。回来的时候，便不知不觉地，把这些痨病菌存在衣边鞋底，带到家里，真是一痰之微，不知害人多少啊。

不吐痰可以制止肺痨病的传播，是铁一样的事实呀。你们不随地吐痰，至少可以救你们的家人、亲戚、朋友、邻居，免他们有得肺痨病的危险啦。中国人能个个革除吐痰的恶习惯，肺痨病就可以大大地减少，病的负担一除，穷的负担也可以减轻，民族的康健复兴，国民的经济能力增进，一切救病济穷的事业也可以发达起来，贫病之人因此也就有了生路了。病的人日多，治生产的人日少，一家子的人若都病倒了，连借钱买药的人都没有了，反之，大多数的人不病，少数的病人就容易救济了。然而现在的中国，大多数的人都穷都病了，少数的人还在那里吃病人穷人的汗血，甚至

于痰。罗马之亡，亡于疟疾，中国若亡，恐怕还是亡于肺痨病，更简单地说，亡于痰。

现在中国的人民，已骨瘦如柴，不能再瘦了，中国的版图也一天一天的瘦了，肺痨的病象日深一日。医生是请不起的，请得起的医生，也是半知半解，不痛不痒地说几句话，敷衍了事。疗养院更不必说，补药又买不起，自杀太费事了，太示弱了，安眠药也须钱买，跳黄浦水又太冷。真是欲死不能，欲生不得。怎么办呢？还是挣扎吧！挣扎，这两字多么有力量，多么神圣，是贫穷人民、贫穷国家最后的武器，不顾死活地挣扎，是今日中国人唯一的办法。

虽然，挣扎，不要糊里糊涂地挣扎，不要得过且过地挣扎，要合理地挣扎，要合力地挣扎，要有智识和有计划的一步一步地挣扎。尽自己的能力治病，好一点是一点，有一点钱就吃一点补药，增加身体的抵抗力。

第一着，先要认清，肺痨病不是绝对没有希望好的，有很多人，受了肺痨病的传染，从来没有发作过，有的人得了肺痨病，未经治疗，自己调养，自然地好了。有许多人，经过早期的治疗，都完全好了。这一想，就可以减了三分愁，病也轻了三分。

第二着，要胃好，要保护你们的胃的消化力，少饮酒，少吸烟，少吃有刺激性的东西，食有定时，不可随时乱吃生冷的东西，有一点钱，省一点钱，都拿来买滋养品吃。滋养品中以鸡蛋比较便宜，不妨多吃几颗鸡蛋，顶好吃生鸡蛋。①肺痨病的治疗在于滋养。国家的肺痨病亦然。滋养就等于民生问题，救国要先注重民生。民不聊生，就是全国皆兵，也都是饿兵。全国军事训练，全国的钱都拿去买飞机大炮，然而饿肚皮是走不动的啊，又怎能拿得起枪来？反之，

---

① 现在营养专家不提倡吃生鸡蛋。

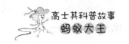
民众吃得饱饱，个个都有力气，就是肺痨菌要吃我们也吃不动的啊。民众团结的力量比任何军队都厉害啊。

第三着，要尽量地吸收新鲜的空气。空气能澄清污染，新鲜的空气一到了肺，就能把一切龌龊的血液一概氧化，一概洗净，而不新鲜的空气，反而增加了肺的负担，妨碍了肺的功用。所以得了肺痨病的人，千万不可在黑暗而多人的房间里过日子，要到户外、野外去生活，要睡在天空之下，空旷的地方。就是不得已而须在屋子里睡，也须把窗门大大地打开，使空气流通。在夏天，至少要在户外12小时，在冬天也须有6小时或8小时在户外，澄清污吏和澄清污血是一样的要紧。国家的积垢存污也须用新的风气来扫清。要除尽一切贪官污吏，国家的肺痨病才有转机。

第四着，要实行日光浴。终年住在户内的人，不见日光，不知日光好。日光对于人体有四种好处。哪四种？皮肤增强，滋养激进，血液加浓，神经补益。此外日光还是我们杀菌的武器，消灭痨菌势力的军备。不过，要小心地训练，渐渐地把身体一部一部地露在日光下晒。不可一味蛮干，不然不但无益，反而有害。正如国家的军队一样，若不匡以大义，教以正理，则不敢抵敌，反打自己的人。

存着希望的心理，积极滋养以恢复元气，呼吸新鲜的空气以洗清内部的污浊，最后，实行日光浴，整顿军备，一鼓破敌。肺痨病的大众，都望着这一条生路努力挣扎吧！挣扎！

成长启示……。肺结核病通过预防是可以避免的。故事中所列的几大预防措施，都很容易做到。在避免疾病的传播上，你也能做得很好，那就是不随地吐痰。不随地吐痰，从我们自身做起，利人利己。

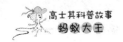
鼠疫来了

用恐怖来形容鼠疫，绝对不是危言耸听，因为它曾不止一次地给人类带来灭顶之灾。鼠疫这么可怕，它的元凶是谁呢？是不是与老鼠有关呢？鼠疫又是怎么流行的呢？读了下面的故事，你就知道了。

傍晚时分，身倚着近厨房那一扇古褐色破旧的后门，闲看门外的风光人物。看见弄堂东口一对黄脸小儿，一个矮小，一个圆胖。那矮小的抢去了圆胖的一块大烧饼，打他一拳，踢他一脚，又想夺他手里一包口香糖。那圆胖的身体虚弱，周转不灵，两条鼻涕，显出伤风的样子，初犹怒目切齿，意图抵抗，后见矮小的背后露出一条短棒，又见路旁其他小孩目光灼灼，都要想分他的糖，就在他挣扎的面孔上，装出谄媚的苦笑，向矮小的黄脸小儿讨好。

同时，在弄堂的西口，一个黑脸小儿也被一个白脸小儿欺侮了，但是黑脸小儿并不示弱，摩拳擦掌，准备厮打，有许多邻舍小孩都围着看热闹。有的拍手叫好，有的假意出来解劝，暗中输眉送目，有的静观不动，有的站在远远地，唯恐误伤。

正看得眼红手热，忽然一阵冷风扑面而来，我打了一个寒噤，瞥见阴沟里有一只死老鼠，不禁毛发悚然，心中记起一件事。霎时间，黑云密布，阴雨凄凄，天昏地暗，似闻哀呼呜咽之声自远而来。云梢的东北角，隐约现出无数贫民窟里的冤魂，如泣如诉。

冤魂甲说：“我正在河边淘米，忽然一阵头痛腰酸，全身肿硬，坐立不安，精神萎靡，接着便发烧，发烧至第四日，热度稍退。谁知一会儿，热度又升，发烧更甚，舌头焦黑，就此一命呜呼。”

冤魂乙说：“我也是这样地死的。我全身淋巴腺发肿更厉害，流出臭秽难当的脓液。”

冤魂丙说：“我全身发出瘀癍瘀点，口里流血。”

冤魂丁说：“我全身突然发炎，血管破裂，流血极多，不到三日即死，死时皮肤出现癍点。”

冤魂戊说：“我正在煮菜，忽然觉得身体发热，气喘、

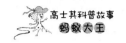
咳嗽不止，胸痛心跳，痰有血块，全身青肿，病了二日，气绝身死。"

惨哉，这些都是鼠疫的冤魂，鼠疫的病状！

鼠疫是人类最大的仇敌。人类几乎被它灭亡了好几次。而今是人类生命安全的隐忧。

在人类开始之后，距今约有12000年以前，不列颠三岛及欧洲中部，历几世纪，绝无人迹。历史学家疑其为鼠疫所下的毒手，也有点可以相信。

《旧约》里也载有鼠疫的故事。以色列民族和非利士民族打仗，被非利士抢去一只"上帝的柜子"，不知这柜子里藏些什么东西。一到了那边，非利士人就像白昼见鬼，死亡相继，鼠疫大盛。

自有史以来，在耶稣基督诞生之前，地球上曾发生过41次鼠疫。在基督诞生之后，后1500年中，共发生过鼠疫109次，由1500年到1730年，鼠疫蔓延至全世界者，凡45次。在18及19两个世纪中，比较寂静下去，然亦未尝不有鼠疫，不过只限于亚洲各地方局部而已。在前世纪的末了几年，鼠疫的恐怖，又大流行起来了。在1894年，鼠疫在香港爆发，占据了全岛。在1896年，进攻印度、日本、土耳其及欧俄。次年又侵略马达加斯加及摩利西亚两岛（在印度洋中）。在1899年，征灭了阿拉伯、波斯、英属南洋群岛、澳大利亚、葡萄牙、英属南非、埃及、法属象牙海岸（在西非洲）、葡属非洲、阿根廷、巴西、乌拉圭及夏威夷群岛。在1900年，鼠疫的余威，波及英国海口、美国西海岸及澳洲。其中受祸最烈者，要算是印度了。印度由1898到1918年，20年间，死于鼠疫者，在1025万人以上。

我们中国的鼠疫，自然不会怎么轻，但是一部二十五史几乎全是帝王将相的家谱，民间疾苦，何足轻重？医学的进步，早已停滞，成为秘传，所有流行病，统称瘟疫，由瘟神主宰，哪里有一支闲笔，来记载鼠疫，描写鼠疫，何况统计。虽然，在2世纪末，后汉将亡的时代，在欧洲、罗马帝国被鼠疫缠绕了一个世纪之久，据说，在中国，也有11年鼠疫之祸，这也是汉末所以纷乱的大原因吧。而在14世纪中，黑死病的惨祸正在糜烂全欧的时候，中国人之死于鼠疫者亦达到1300万人。在1900～1911年，东三省及华北一带，鼠疫猖獗，两年之中，死去了6万人。1917～1918年，内蒙古及中国北部，又被鼠疫抓去了16000人。这些惊人的死亡数目，不过鼠疫冤魂的总额中一小部分而已。

14世纪的鼠疫、黑死病，穷凶极恶的鼠疫，充满恐怖的黑死病，是世界史上最惨痛的一页，像倾倒了墨水瓶，涂尽了人类的历史，悲风惨惨，阴雨凄凄，臭尸满野，白骨如山，绝人类的烟火，变地球为荒凉，噫，鼠虱鼠菌，一旦群起肆威，真是比一切水灾、旱灾、地震、兵祸及一切疾病的总和都厉害啊！当1348年，鼠疫到了英国，牛津大学的学生

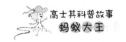
死去了2/3，英国全境人民，死者将近满半数；伦敦城内一所公墓，有50000积尸，乡村教堂，教士神父，死过其半，工厂停工，田舍荒芜，牛羊四走，路无行人；热闹街市，静若死城；英国如是，其他各地也大都如此；黑死黑死，惨不忍语。

鼠疫既是这样的可怕，谁是鼠疫的凶手呢？既名鼠疫，当然与老鼠有关了。鼠疫固然本是老鼠的疫病，然而老鼠未曾咬人，未曾爬到人的身上，未曾当人面前咳嗽，又未曾被人煮了当小菜吃，就是黑夜出来，偷偷摸摸地咬咬衣服，啮啮箱子，然一见光明，一闻人声，或猫儿的叫喊，早已窜进地缝地穴里去了，又怎样会把它的病传给人，并且传染得这么快，这么狠呢？真是一个谜。

这个谜终于在1894～1903年被德国、法国及日本的细菌学家打破了。原来鼠疫的蔓延，是由于两种小生物，朋比为奸，一种是鼠虱，一种是鼠菌。

鼠虱是扁身善跳，没有翅膀的小昆虫，寄生于老鼠身上，在毛孔毛缝里跳来跳去。老鼠窜到哪里，它也跟着到处观光。老鼠病了，它吸收鼠血中的病菌，存在肚子里。老鼠死了，它弃了鼠尸，去投奔新鼠。新鼠找不到，肚子饿慌了，遇到了一个走倒运的人，乘其不觉狠命地咬他一口，吮了他的血，还不甘心，硬要把病菌输进他淋巴腺里去，于是鼠疫来了。

鼠菌，一名"鼠疫杆菌"，是鼠疫的病菌，鼠疫的元凶。肉眼看不见，在显微镜下，现出无数鸭蛋儿的小脸，两端有假芽孢。它说老鼠是它的殖民地，因此不宣而战，猛攻老鼠，鼠血里的白血球，战它不过，老鼠阵亡，满身尽是鼠菌的军队，然而若没有鼠虱，作他的间谍，作他的桥梁，它想侵略其余的老鼠，和人类要到月球火星一样难，又安敢想吃人类的天鹅肉呀？又何至于蔓延到全地球哪？所以要防鼠疫，必灭鼠菌，要灭鼠菌，必除鼠虱，要除鼠虱，又不能顾全老鼠看了。唉，老鼠真是可怜！

可怕得很，狡猾的鼠菌，还有第二道阵线。这鼠菌，细菌中的魔王，一旦吃到人肉，觉得肺叶肺瓣，又香又脆，最是可口，于是移动其军队，集中于肺，而病人的说话咳嗽，便有直接传染鼠疫的危险了，无怪乎肺鼠疫一发，不可遏制，人烟稠密之处，贫民窟里，蔓延更甚也。所以预防之道又不得不隔离病人，迁徙良民，而现在最新的方法，就是普遍地施种鼠疫的免疫苗了。

恐怖的鼠疫，小则地方遭殃，大则历史变色，再大则人类灭亡。然而鼠疫不是绝对不可以抵抗的啊！就是不能抵抗，也要拼命地抵抗啊。

人类的孩子们，还不起来！用你们的头脑，用你们的双

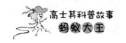

手，用你们的科学，来消灭鼠疫，不可用科学自相残杀，为鼠菌鼠虱所笑。

人类的孩子们，起来吧！鼠疫来了！黑的、白的、黄的。孩子们，不要吵嘴，不要打架，大家合力，把这只阴沟里的死老鼠移去，点起火来，把它烧成灰罢！①

1935年10月5日

成长启示 "人类的孩子们，起来吧！鼠疫来了！……大家合力，把这只阴沟里的死老鼠移去，点起火来，把它烧成灰罢！"孩子们，你们听到这急切的呼唤了吗？你们未来的使命，不光是防治鼠疫，还有维护人类健康的重任。

① 1949年后，我国政府采取各种措施，控制了鼠疫的流行，但仍有散发病例发生。

儿童之敌

白喉，是人类的一大天敌，尤其热衷于攻击儿童娇嫩的身躯，而且在孩子们聚集的学校等场所传染得很快。白喉的元凶是什么呢？它是怎么传染的呢？它又是怎么杀人的呢？患上白喉的感觉是怎样的呢？下面的故事都会告诉我们。

北风起了，天气冷了，满地舞着枯叶黄沙，鸟儿飞远了南方的老巢，虫儿也无声地散归了它们的故乡，只剩下一两个迷途的蚊子，在屋的黑暗角落里，无力地颠扑。这时候，霍乱、伤寒、疟疾的繁荣，都成为过去的陈迹了，唯有天

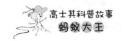

花①、白喉，蠢然思动。

天花与白喉，同为人类的大仇，尤其是儿童的恶敌。

天花我们已经听熟了。白喉的宣传，还未普及。请先谈谈白喉。

记得我在6岁那一年冬天，曾得过一场大病，几乎失却了性命。

是喉咙的病，初起时，喉间痒痒燥燥，食物隔隔难咽。张开喉咙，给母亲一看，听说有些红肿了。

过了两天，喉里益发难过，同时，身体也发烧了，背部脊部作酸作痛，口中咳出丝丝的黏液，于是就偎在被窝里不起来了。

再把喉咙给母亲看时，那块隆起的部分，叫做"扁桃腺"，上面添上了一层灰白色的薄膜了，顽固地刮也刮不出去。

母亲着慌了。前年我的弟弟登就是这样地现出白膜，不到几天而死去的。邱七爷那老郎中说："这是白喉，一种危险的时症，很难治好的啊。"

是药石成功吗，是调养得益吗？是自己的血液强盛，抵抗力充足吗？我的病究竟是好了，一直活到现在，抚今追昔，依稀记得药味之苦。

———————

① 1980年5月，世界卫生组织宣布人类成功消灭天花。

白喉是怎样发生，怎样转变，怎样会好呢？

在昔日，连医生也不知道。至今中医也多还没有讨问个明白，但知白喉病的厉害、难治，说不出它的病源，它的发展过程，它的究竟。扁桃腺上突如其来的那一层凶恶的白膜，是什么东西织成的呢？从哪里来的呢？怎么就会杀人呢？

在今日，科学已完全战胜了白喉，白喉是现代医学者知道得最为详尽，而且最有办法克服的一种传染病。不过，这关于白喉的常识，实是现在大众所急切需要，尤其是做青年父母与小学教师者，而乃未为大众所普知。

今日的儿童，若死于白喉，是儿童之冤，而父母、教师、医生之罪了。

凶恶的白喉，是喜欢吃又嫩又弱的小孩生命。在1周岁以内的婴儿，犹沾润着母体的血液，先天的抵抗力未衰，还没有多大的危险。2岁以上，至5岁，才是最危险的时期；5岁至10岁，是次危险的时期；10岁至15岁，这危险就减少了，15岁至20岁，这危险更少了；20岁以后，得白喉病者，实在是很少见的事啊。

所以，在一个集团生活之中，有很多10岁以内的小孩

子，那白喉就传染得快了。尤以小学堂为最。白喉一到了小学堂，往往流连至几个月，甚至几年，不肯走开。小学生，在一处读，一处吃，一处玩，时时扭在一起，白喉一来，很

容易的，一把抓去了几个，十几个，几十个不定。所以白喉有时可以叫做小学堂的贼，专偷小学生的健康与生命。

虽然，老年人并非不会得这一种病。美国第一任大总统乔治·华盛顿，活到了67岁，就是病死于白喉的毒手哩。①可惜当时医生，对于白喉的治疗，还是束手无策。

白喉一旦流行起来，也是如快刀一般，杀人如麻。在1923年，它在英国行凶，一年之间，杀死了2722人。

① 关于华盛顿的死因有过种种推测，白喉只是其中推测之一。

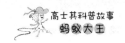
白喉怕热，所以在热带的地方，不敢横行。它爱干燥的天气，当晚秋初冬的时节，它就抛头露面，来到人间了。在伦敦，10～11月之间，白喉最为盛行。在美国，以11～1月为最盛，在我们不卫生的中国，恐怕白喉还要早来晚去吧。

白喉怎样来的呢？

白喉随人随地都可据为巢穴，随物随器都可占为营房，它的攻入共分七路。

第一路，是由人带给人的。谈话、喷嚏、咳嗽、握手之时，都很容易传来传去。医生看护，若不极端小心，还有受病人的传染而丧生者。

第二路，是由病人的用具而传染的。白喉常伏于病人的杯碗、筷子、脸巾、脸盆、枕头、床被上，经数月而不死。

第三路，非真性白喉的病人，如鼻膜发炎、扁桃腺发炎及耳漏①这类的病人所流出吐出又臭又秽的东西，里面常藏有白喉的病菌到处散布。

第四路，有一种人，叫做带菌人，明明没有病，而喉咙里却伏有白喉的病菌，这种人为白喉所利用，自己病不倒，别人冷不及防，被他放病菌的暗箭射倒了。

第五路，普通的儿童，都喜欢将随便拿来的东西，往口里乱塞，而小学生更喜欢拿糖饼相赠，把铅笔纸张互换，白

_____

① 从外耳道流出一些非脓性的液体，是某些疾病的特殊表现。

喉就是这样悄悄地在儿童身上跑来跑去呀!

第六路,从没有消毒好的牛奶来的,母牛的奶头上,检查时,常常发现白喉的病菌。

第七路,直接由动物传染而来的。动物中如马、兔子、天竺鼠等,都容易得白喉病,而小老鼠、家鼠等,整天整夜在又黑又脏的地穴里,东窜西窜,对于白喉,反而有极大的抵抗力。

这些关于白喉行踪的消息,是怎样探听来的呢?白喉攻人的战略,是怎样泄露出来的呢?后来,我们人类又怎样发明了抵抗白喉的利器的呢?

人类和白喉斗争的胜利,要归功于下列五员大将:

第一员大将,克勒孛,德国的医学者,在1883年,首先看见了白喉的凶手,但没有把它抓到,被它一溜烟地逃走了。

第二员大将,吕弗来,也是德国的医学者,在1884年,马到成功,把克勒孛所见的白喉凶手擒获了,把它囚于一只冰冷冷的玻璃管里面,以供后人的对证。

吕弗来是柯赫教授最得意的门生。当时欧洲白喉症流行得很凶,各处儿童医院里,充满了小儿咳嗽与呻吟的哭声。一个个白色小枕头上,露出更惨白的小脸孔,医生摸头摸脑地,从一排一排的小病床走过,束手无策。那时,柯赫先生正忙着在显微镜下,细看"结核杆菌",不能分身再去研究

白喉，就派吕弗来到病院里走一趟。

于是吕弗来天天伏在病院的尸房里，检查小儿尸身的喉咙。他从那些没有一丝生气的喉咙里，用烧红过的"白金丝"，挑出一点一点灰色的臭东西。有的将它存入小玻璃管内，封以棉花塞，有的将它涂于玻璃片上，染以色料，放在显微镜下看。这一看，看见了好些怪状的细菌，多是头小尾胖小棒子似的身躯，身上现出美丽的蓝色小点，或蓝色条纹，或全身皆蓝。有的会分枝，仿佛像西洋字的L和V，一看，尤像中国字写得不齐整，东歪西斜。

差不多在每一个死儿的喉咙里，他都发现了这样的怪细菌。于是他就赶紧拿回去给柯赫先生看。

柯赫先生看罢，庄严而诚挚地，拍着吕弗来的右肩说：

"不要慌，不要忙，不要匆促地就下了结论，你还要把它养活起来，不要使别种细菌，杂在里面。你还要把纯粹的这一种，注射入各种动物体内。如果那些动物，也得了和人一样的白喉病状，那就……"

吕弗来再跑到尸房里，又费去了一百多张的玻璃片，刮遍了一个个小儿的尸身，但他只能于小喉咙里寻出那怪细菌，尸身的别的部位，都寻不见。

"怎么这样稀少的细菌，高坐在喉咙上面，就会那么快地杀死一个小孩呢？但是柯教授既然这般吩咐，我就依他的话行事吧。"吕弗来想了一会儿，就把在玻璃管里养活的那些纯粹的怪细菌，注射入兔子的气管中，及天竺鼠的皮下，静观其变。

果然，不到两三天，那些兔子和天竺鼠，都和得白喉病的小儿一样，硬生生地死了。但是那吕弗来，曾在那些动物身上，注射了几百万怪细菌进去，后来也只有在原有注射的部位，稀稀地寻出几个，其余的身上，都寻不着。

"这些稀少的细菌，在身上一个小角落里伏着，怎么会杀死比它们大了100万倍的动物呢？"吕弗来又这样想了一会儿。

但他的试验，是极其精细准确，一分一毫，都没有草率附会，那些动物分明是死了。他那新发现的怪细菌，就是白喉病的主因吗？他还犹豫不肯立下断言。

他坐下来，写成了一篇恭谨而严密的报告书，将对于这问题的正反理由，一一列出。

"那怪细菌，果然是白喉的正凶吗？"他喃喃自语。"然而有些白喉病小儿的尸身里，我并不能寻出那细菌来……反之，一点没有白喉病象的小儿，在他喉咙里，我却有时寻出那怪菌，而且那怪菌，也会杀死兔子和天竺鼠哩。"

白喉病者，扁桃腺上，那一层凶恶的白膜，就是那怪细菌的集团。因此这细菌定名为白喉杆菌。

白喉杆菌，无须用大队兵马，而精锐不可当，杀人不见血。然而它又没有真个把咽喉塞满，将血管胀破，是怎样杀

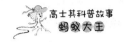
人呢？怎样……

这问题，吕弗来先生没有给我们满意的回答。

"是毒！毒！毒！毒素杀人呀！白喉杆菌伏在黑暗的一隅，不断地放出强烈的毒汁，流到血液里，流到脑髓里，神经麻痹了，全身瘫痪了，人便顷刻中毒死了。"

人喊马嘶，远远地，在1888年，又来了两员抗菌大将，操着法国话，在这样讲。

这两员大将，一个姓路，叫做路爱美，一个姓岳，叫做岳新。两人都是细菌学开山老祖巴斯德的徒弟。那岳新后来还是我们发现鼠疫病菌的大恩人。

当时巴黎市内的儿童死亡很多，多是被白喉抓去的。巴黎的母亲都写信，请巴斯德研究对策，救救她们的孩子。

巴斯德真是太忙了。于是路和岳两人就自告奋勇，前往病儿院里去调查。

他们煮了好几大瓶的牛肉汤，将自病儿喉里所寻出的白喉杆菌，都请到牛肉汤里吃个痛快。又收集了许多小鸟小兽，如鸽子、鸡、兔儿、天竺鼠之类，一个一个都给它由静脉注射了大量的那牛肉汤。不到几天，那些鸟兽，跛的跛了，瘫痪的瘫痪了，死的死了，尤以兔儿死得最惨，最像白喉病小儿的死法。

但是在那些死鸟死兽的身上，他们遍寻不着一粒白喉杆菌。那么它们被什么杀死呢？什么……

忽然一线红光映到了路先生的大脑里，他带着沉重的声音说：

"这一定是那可恶的白喉杆菌，吃过了牛肉汤，就在那里面撒了毒素，牛肉汤既变成菌汁，又变成毒汁，这些动物就是被那毒汁毒死了。"

岳新先生也点头说：

"那么我们现在要把这毒汁和浸在里面的杆菌分开，看看毒在哪里呀。"

于是七手八脚，他们又大忙起来，将一大瓶一大瓶的白喉杆菌牛肉汤，一一放在蜡烛式的滤器中滤过，把细菌都滤走了，留下清澄澄的黄液，又买来一批一批的新动物，重新一一注射。经过好几番细微谨慎的工作，经过屡次的希望、期待、失望，而从头做起，再接再厉地试验，毕竟不至于绝望，而是成功了，一个伟大的成功！

他们是发现了"白喉杆菌的毒素"。这毒素，只须1盎司（英两）①，可以杀死60万头天竺鼠，或者7.5万头大狗。你想一想，只须六十万分之一盎司的纯粹毒素，注射入天竺鼠皮下，它就不能活，人类的小儿，虽比天竺鼠大一二十倍，怎经得许多白喉杆菌，盘踞于扁桃腺上，不停地制造毒素，流于全身呢？

———————————

① 1盎司=28.3495克。

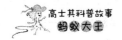

敌人和敌人的武器，都已侦察出来了。

怎样实行抗敌呢？

在这里，我先提起第五员大将的姓名：苏伯苓。又是德国人，在1890年，发现了抗毒的武器，自那时起，白喉病都有救了。其余的话，留着下次再谈吧。

成长启示……在科学先生没有研究出对策之前，受白喉之害的儿童多数是不能活命的。虽然现在的医疗条件已经可以治疗白喉，但我们仍不能掉以轻心，提高警惕、加强预防依然重要。

虎烈拉

看到"虎烈拉"这个名字，你是不是觉得它应该与老虎有点儿关系？它是一只虎吗？它来自哪里呢？它是如何作怪的呢？跟着故事去看个究竟吧。

夏天的苍蝇多，苍蝇脚下的细菌多，苍蝇嗡的一声飞到了红烧肉、黄焖鱼、炒青菜、烩豆腐上面，细菌就在那里组织小家庭，制造小细菌。住不起装有沙窗①的房子，或过着露天生活的苦力，及一切中下层生活的人，有吃这些受过苍蝇洗劫的东西的机会，吃后常常有忽然觉得肚子里不舒服，

---

① 同"纱窗"。

或一阵大吐，一阵大泻，接着身子便软弱下来的现象。这些吐出来、泻出来的臭东西。经过几番的曲折，流到河水里，乡下的姑娘就用那河水来洗菜灌田，于是那些细菌又回到了厨房。过了没有几天，卫生局发生警告，说是虎疫来了，虎烈拉[①]来了。

在吃过了虎烈拉的亏的人，看了这张警告，心里自然明白，并且引起了痛苦悲惨的回忆。在其他的大众，只看懂了一个虎字，其余两个字看不出什么意义来，大约是和老虎总有一点关系吧。老虎是可怕的，因此对于虎烈拉三个字也发生恐怖的联想，因为不知道它的底蕴，所以更加害怕了。虎烈拉到底是什么呢？

虎烈拉在印度有悠久的历史。印度有一条大河，简直可以称它做粪河，几千年以来，印度人的粪都是倒在那里面，虎烈拉就在那里诞生。它在印度横行了好几个世纪，在1817～1823年之间，才开始侵略亚洲其余的国家，中国也是在此时被侵入的。它在黑暗里并吞了世界共凡[②]六次，杀人无数。可是到了第五次，侵略欧洲的时候，就被德国的

---

① 虎烈拉即霍乱，旧时俗称虎烈拉。
② "共凡"即"共"。

科学家发觉了。于是欧洲的科学家联合起来把它赶回印度。现在，欧洲美洲的境内都已肃清，只有我们中国，可怜的中国，还在它的帝国主义势力范围之下。

虎烈拉在1883年，第五次自印度出巡，渡过了印度洋，渡过了非洲的沙漠，占据了埃及，又越过了地中海，进攻欧洲，全欧发生极端的恐怖，当时惊动了两位大科学家，一位是法国的巴斯德先生，一位是德国的柯赫先生。巴斯德先生因他自己正忙着研究疯狗病（狂犬病），不能分身，就派了两个徒弟前往埃及去调查。柯赫先生亲自带了显微镜，带了许多小动物，同他的学生葛夫克一起也到了埃及。在埃及，他们废寝忘食地日夜工作，一边挥着热汗，一边割开死人的肚肠，抽出一点肠里的又臭又秽的东西放在显微镜下，东看西看，又拿一点注射入猴子、鸡、犬、老鼠及猫儿的体内。正在工作紧张的时候，巴斯德的一个徒弟得着虎烈拉病死了。在他的棺木前，柯赫先生献上一个花圈说：他死得很光荣，他是为科学为人类而牺牲了自己的生命。

虎烈拉的病菌终于被他们寻出了，在显微镜下现出它的原形。原来这虎烈拉是一粒弯腰曲背的细菌，头上还有一根鞭毛像清朝时代的辫子一般。看它这样娇小柔弱的东西偏会杀害比它大了几十万倍的人，真是大的东西反被小的东西欺负。

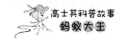

国家也是如此。我们愧做了人，尤其是愧做了中国人① 。

成长启示……。我们用肉眼看不见细菌，但它带给我们的伤害有时是灾难性的，比我们能看见的洪水猛兽更加可怕。"千里之堤，毁于蚁穴"说的就是这个道理。所以，对于一些小事，我们要学会分辨它的重要性，不能因为它小就完全忽略。

---

① 霍乱如今在我国几乎绝迹。

癞病

患上癞病的人，可以说是过着人间地狱的生活。
为什么这么说呢？还是自己去看看吧。

在我童年的回忆中，在故乡，携着书包儿去上学的时
代，常于墙角路旁，或山脚下的石阶上，发现一两个形容可
怕的残疾的病人，向着过往的行人乞怜。

他们惨黄色的皮肤上现出污秽的红瘢，鼻梁塌陷了，全
面目都肿胀得像狮子的面孔一样，残缺的四肢布满着臭烂的
溃疡。

那时，孩子的心里是十分惊惧，提心吊胆急急地走过，
只怕他们来牵我的衣襟。

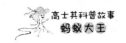

这在现在，我知道他们就是不幸的麻风病者。癞病就是这病的别名。当今闽语都叫它做"固瘠"或"常癞"。这些福州音，如果真用这样写法的话，倒也颇足以表出癞病的顽性。

顽固残酷的癞病，是人生一大恐怖。人们对于癞病的人，是可怜之中而带着厌恶与畏惧，厌恶他的丑相，畏惧他的传染。这使他就在精神上，身体上，都感到万分的苦痛，是绝望的苦痛。

　　人是最讲体面的生物，可恶的癞病，却无情地在它所抓到的病囚的肤体上雕刻成许多畸形的烂伤，剥落了他的眉毛须鬓，截断了他的手指足节，麻木了他的神经，毁坏了他的声音，弄得他全身组织慢慢地萎缩而腐化了。这真使他顾影而自恨呵。

何况得癞病者又多是在20岁以前青春期内就已受害了。他们离开坟墓还有几十年的路途。有些人得了癞病之后，过了40年的时光还活着受罪哪。这些人的一生真是过着人间地狱的生活，在死谷里偷生了。

然而这世界，据科学先生的估计，就有170万人走进了这条凄凉的命运呵。

别的传染病都在杀人，独有这性慢而狠心的癞病，它是高兴害人受活罪的。

癞病的侵害人类有遥久的历史，有广大的地盘，它在人群中的潜势力是根深蒂固了。

距今五六千年以前，在古埃及的国度里，它已经在蔓延了。犹太人的圣经中已有关于它的记载，不过那时的人不大明白它的真实症象，把一切的皮肤病都当做癞病看了。印度在释迦牟尼生时，中国在孔子生时，也早已有癞病的传播。古希腊及罗马时代的医生，对于它是司空见惯的了。当哥伦布没有发现新大陆之时，美洲已有它的踪迹了。在欧洲，在黑暗的中古时期，它是很盛行的；12世纪的十字军又带着它到处散布，以致当时的欧洲没有一国不被它侵入。到了16世纪，它在欧洲的气焰是稍有下降，而它却又转向西半球伸张它的魔手。最近80年内，它在太平洋群岛出现了。例如夏威夷群岛，那著名的避暑胜地，想不到就是它的一个很巩固的殖民地。那里的土人每40人之中，就有一位是麻风病者呵。

在今日，世界各科学先进的国家，人民的生活习惯在积极地改善，卫生教育与设施也有长足的进步，癞病都被封锁于热带的区域了。

在热带，它仍是顽强地繁殖着，加紧地侵略人类的肤体。它有三大势力区：

第一区在赤道上的非洲；

第二区西起印度、缅甸，东至太平洋群岛；

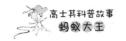

第三区就是从西印度群岛到南美洲的北部一带了。

在我们艰苦挣扎中的中国，则以华南为最受癞病的蹂躏。所以在南国的街道上，我们时常遇着癞病的乞丐，而在北方则不常见。然而，这不是说，癞病就无意于北征呀，这也许因为北方之人多穿了衣服，不似南方之人那样大汗淋漓地露身赤脚，而癞病的伤口是为其所遮蔽了。

这世界就有一种癞病的人，他的外表依然整齐。他的外体却隐伏着伤痛，皮肤上处处麻痹，旧时所出的斑点虽已逐渐消失，而癞病却向着他的神经袭击。这是麻木性的麻风，和残毁性的"结节麻风"，显然不相同，这种人不大容易察觉，只须待医学和细菌学的检验，才能判明真相。这种人就很随便地在人群里面传播麻风，他真是糊里糊涂地作了癞病的囚徒兼奸细了。真是癞病的"奸人"了。

癞病是这样的凶恶、顽固而阴险，它在人间又有如许深长久远的关系，难道聪明的人类就没有办法防止它么？

然而人类是聪明而又固执的生物，聪明使他创作，固执又使他不肯革除错误的旧观念，这就间接地助长了癞病和一切其他传染病的臭势力了。

这在神学时代，一切就都委诸于鬼神，以为莫名其妙的病，都是前生的报应。在玄学时代，一切都归之于沉闷的幻想，以为得了不知原因的疫病，是永远没有救药的。直到了细菌学异军崛起，传染病的防御与救治，连癞病也在内，这才有些眉目了。

　　显微镜，这细菌学的主要武器，像是一架细菌的照妖镜，把一个个传染病凶手的原形都活现地照出来了。癞病的凶手叫做"麻风杆菌"，就是最先发现的一种。当时擒获这凶手的是德国的汉森先生。

　　汉森先生是最致力于研究麻风病的细菌学者，他在不断地努力之中，终于在1874年，用在病人的腐烂组织里所刮下的细胞粉末，放在显微镜下一映，看到了无数或直或弯杆形的小东西，两头圆圆，常是几个十几个集在一处，它们的身长约由1微米至8微米。它们的单细胞身上没有鞭毛，因为行动不能自主；没有芽孢，因而在空中不能久活。以这样纤弱的胞质，竟能从远古留传到今天，一直在人类身上辗转流连了几千百世。它们究竟用的是什么手段呢？

　　这真使我们的老前辈科学先生感到问题的苦闷了。

　　"你看，癞病的行凶，以皮肤面上的毁伤为最多，那些麻风杆菌一定是占领了皮肤的伤口破缝裂痕空隙之处，作为出入人身的孔道了。"

　　"我看它们还是从口腔鼻腔及咽喉间的黏膜进出吧。口津鼻涕痰沫里就有不少它们的踪迹。有时夹在两旁鼻洞中间那一面软骨性的鼻中隔是最先被它们所陷落的了。"

　　"我在病人的奶汁和尿汁里也常常发现麻风病菌。这是说它们也会在人血里面横行了。由血而至于肝、脾、肺、淋

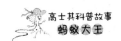
巴腺，乃至于精囊里都有。这病人真是满身是癞了。这可见在那癞病的周围里，麻风杆菌是如何容易地散子播种呵。"

"那么，我要问了，癞病会不会遗传呢？"

"从前的人都相信癞病有遗传的嫌疑。现在医学已认为这种见解是错误的了。的确，不幸的婴儿有直接受他的癞爹癞娘传染的可能。但医学史上从未见过一生下来就是病孩子的事实。古今天下最小的癞病儿，在三四岁以下的难得看见。"

"我们认为昆虫中如吮血蝇①、臭虫之类也是传播癞病的嫌疑犯，这原因为它们的生活也靠着皮肤，不过我们还没有搜集到它们'助癞为虐'的完全罪证罢了。"

你一句，我一句，这些科学先生们对于癞病是怎样传染的问题，各据一说，在纷纷地议论着。

最后他们得了一个暂时的结论。他们说，癞病并不是容易传染的东西。麻风病菌从皮肤到皮肤，从黏膜到黏膜，须靠着病人与好人之间的长期的密切接触，才能搬运成功呀。而它们所以能久传人间者，也正为着它们的性情迟慢得很吧。它们到了人身，不即爆发，有很长的潜伏期，最普通的是2～4年。这使得病者容易忽略过去。何况癞病的人又多是贫苦大众。这些穷人们对于些微小的伤口，哪里有这一分心

---

① 即吸血蝇。

思去注意，哪里有这一分知识去及早医治呢。于是麻风菌就趁着这长期的不抵抗机会，慢慢地侵蚀人体的组织了。而同时又顺势传染给那病者的家人亲友邻居了。

所以癞病，不仅是病者个人治疗的问题，而是社会全体合力防御的问题，正如一切其他的传染病一样。

在治疗方面，就有麻风病菌的培养与鉴定及免疫苗的制造与试用。这些先决的问题，各国的细菌学者和医学者都正在努力研究之中，还没有达到完全的成功。最近据说日本的医学者用松节油治疗癞病，有很圆满的效验。这也是一种好消息呵。但，不知道中国生癞病的穷苦大众，几时才能轮到他们有这医治的机会？[①]

在防御方面，设立麻风病院，隔离病人，厉行卫生教育，改良人民的生活习惯，这些计划确须积极进行。然而防癞运动的推进，也如防痨一样，尤当注意贫苦人民的经济生活。

本来人民的经济和健康是有密切的联系的。能不忽视这一点，一切治病防病的问题，就是癞病，那人生最顽固的恶疾，也不至于绝望了。

---

① 1949年以后，由于积极防治，麻风病在我国已得到有效的控制，发病率显著下降。

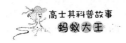

成长启示 对于任何疾病，防胜于治都是基本原则，尤其像一些不会快速致人死亡的慢性病，更应如此。也许我们不能控制疾病传染的大环境，但我们对于自己身上微小的伤口要处理得当，比如你的皮肤不小心划伤或磕破，你一定要及时处理或就医。

疟虫的来历

疟虫是一条虫吗？它是怎么来的？疟疾和它有没有关系？患上疟疾怎么治？这么多的问题，一起去故事中寻找答案吧。

这几星期上海正闹着疟疾。江南原是疟疾的势力区。地球上所有湿热的地方，几乎全是它的盘踞地。

它每年谋害人命几百万条。被它缠倒在床上发抖的更不止此数，单单印度一国，受它侵害的每年总有1亿多人。就是小子过去的半生也得过五次这病了。在热带传染病的比较统计上，它的成绩算是天字第一号了。

然而疟疾是有办法的。有钱人得了它，请个把医生，吃

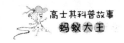

几粒金鸡纳霜，也就好了。没钱和没有医药常识的人就白白地送死，还不知道是疟疾咧。

疟疾的病因，不是风，不是食物，也与细菌无干，不由鼻孔和口腔传来，而是母疟蚊叮人时所投下的那"疟虫儿"

在作怪。那疟虫儿专和红血球①作对。它炸破红血球，人身就觉着一阵冷，接着白血球就赶来抵抗，人身就一阵发热，这一寒一热，是疟疾最初的警号，所以又叫做寒热病。这疟虫儿是一种吃血芽孢虫，一种原生动物，和阿米巴是本家，现在我来谈它的来历。

疟虫儿好比是新嫁人娘，有两所地方可以住宿。一所是母疟蚊的肚子，是它的娘家。一所是人身的血液，是它的夫家。算起来它似乎还是疟蚊的干女儿咧。疟蚊娘在叮人时，把它嫁给了人血。它到了那边，就变成泼辣的悍妇，时时和夫家的人起冲突，杀死无数的血球。疟蚊娘再来叮那个人时，又把它接回肚子里去了。它在娘家的日子过得很慢，闷不过，疟蚊娘又把它嫁给别人了。

然而，有人就要问了：疟蚊爹为什么不肯出来帮点忙，而把这疟虫儿的婚姻大事，都推在自己女人身上呢？这是因为疟蚊爹是吃长斋的，它天天都在果园里、菜田上大啖其水果青菜，不管闲事。而疟蚊娘却是贪吃荤食的，尤喜欢那顶腥气的人血，所以在伴送疟虫儿出嫁的时候，就吃了不少的血酒席，都是亲家自备的血球汤。有着这一点的沾光，它就

---

① 现称"红细胞"，后同。

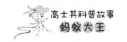

不辞劳苦而往返跋涉了。

然而又有人问了：疟蚊娘为什么专吮人的血呢？专嫁它的干女儿给人的血液呢？不去招别的动物的血液做女婿呢？

我想，这不仅是因为人血有特殊的美味。大概在夏天，人身的皮肤多尽量的裸露，接触的机会既多，交际的范围又广，婚事也就比较容易成功了。疟蚊娘虽也会飞去叮猿猴猩猩之类九分像人的动物，总觉着有那些讨厌的长毛，挡住去路。其他粗皮厚毛的动物，更没有什么想头了。只好让别家的虫娘子去和它们结亲了。例如八角虱娘子就和狗最有姻缘，它也有一个小小的"吃血芽孢虫"干女儿，就和狗的血发生了关系。又如水蛭娘子和乌龟最有往来，它也有一个娇娇的吃血芽孢虫，和乌龟的血结了不解之缘。还有的，如青蛙、蜥蜴、蛇、鳄鱼、比目鱼、跳鼠、猫儿、大黄牛，乃至于鸟类，它们的血液里面，有时不幸都来了这一类的吃血的新娘。这些不同名的"吃血芽孢虫"，虽各自有娘家，它的生活却更像疟虫儿一般风流，算起来，该是同宗所出。

这些话，不是我造谣，都有真凭实据可以查考。然而现代的科学先生毕竟为试验事实所限制包围了，不敢越出雷池一步。于是，他们就将各人观察所得，织成一幅活动写真，把疟虫的生活史，画成一个密不通风的大圈子。以为疟虫，这阴险的小妖精，不是伏在那里吃蚊娘的胃汁口津，就是藏在这边吃病人的血轮，老是在人蚊之间，来回地跑着，不到别的地方去吸新鲜的空气，别的地方也从来寻不见它的影子。从它的始祖到如今，世世代代所过的日子，全是黑洞洞的，紫洞洞的，不露一线儿光明。但，这话却有一个漏洞。

老是在人蚊之间盘桓，那么，疟虫的祖先究竟先在哪一边起家呢？人的血液或蚊的肚子是绝对不会自然而然地发生了它呀。

那么，疟虫儿的老家究竟在哪里呢？

这使我想起几千万年以前的事了。

那时中国人的盘古和犹太人的亚当都还没有出世。

大地上，全是一片浓浓密密的森林，森林中也没有野兽的影子。天空没有飞鸟，只有一朵一朵的浮云。浮云集中了，就降下了一阵一阵的大雨，把地面低洼处填成江河湖沼了。江河湖沼的四岸全是乱草，就许杂有稻麦高粱，也都是野生的。乱草与森林之间，唧唧唧唧都是怪虫的鸣声。有大头大目的飞蛾，有身长2尺的蝴蝶，海蝎刚变成陆蝎，还没有脱尽它身旁的鳃；一切昆虫都在初试它们周身皆是气管的新装，就是蚂蚁蚱蜢也都是雄赳赳的不似现在那么惊慌畏怯，就是蚕哥儿也很英勇地在野桑叶上爬行，自由自在吃叶吐丝，无须人工饲养，更不受他们的剖剥。这是节足动物全盛的时代。

然而，这时候却苦了一般爱吃血的虫同志了，这时候暖血动物还没有上市。地球上只有些龟蛇鱼虾之属，那又都是

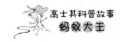
冷血，不够味，而且它们的皮肤不是圆滑，就是坚硬，很不容易叮咬。于是这些预备着吃血的虫男女，只好暂时吃些水果树叶，聊以充饥。不过，我还以为，它们在未尝过血的滋味之先，总不至于发生如何单恋的情绪吧，它们只觉着肚子里有一股闷气罢了。

侵略者是从来不讲情理的，而以蚊子这生物为尤甚。蚊子在这时肚皮里有一些闷气，就连它自己的同类也要乱叮。蚕就是触上霉头的一个。至于蚊子叮蚕还是常有的事。这在蚊子是因见蚕长得又肥又美又不会抵抗，所以可欺。它叮过一次之后，觉着津津有味，以后屡试不爽，这就预伏着它后来叮人的动机，而它在叮人之先也早已叮过好些其他的动物了。

可是，在这无血可吃的时代，蚊家的女人也都是吃素的了。伊们^①的肚子里该是很清静的啰。然而，蚊妈妈是负有育儿的责任的。它常到水边去下蛋。不幸，它的蛋和蛋所变成的仔虫，大多数都被小鱼所吞食了。它在水面飞来扑去，嗡嗡嗡地似乎在叹息。这声音却惊动了水底烂泥中的微生物了。

污水烂泥本是原生动物的家乡。阿米巴、鞭毛虫、芽孢虫、草履虫，这原生动物的四大宗派，它们的家人亲友都沉

———————————

　① 即"她们"。

在这生满水草的静水里过着独立自主的生活。这一次，它们都浮在水面观光，打听陆地上的消息，看见了那嗡嗡嗡嗡的东西，有些相貌不凡。

看哪！这东西有那轻纱似的翅膀，闪闪有光的大眼睛，利刃似的口刺①，触角、触须俱全，六只灵活的大腿，这种福相，将来一定有很大的出处的呵。

于是这些原虫儿们都想和它结识。然而蚊妈妈是很自爱的，老不肯沾身污水，使它们也无缘高攀。

于是它们就注意到蚊妈妈所下的蛋了。它们看见不到几天之后，那些蛋就变成了有头有胸有腹的仔虫了。那仔虫虽倒身在水面下，用尾巴来呼吸空气，却也要吃东西哩。它所吃的全是些水草、酵母、水菌之类。于是这些原虫儿就趁着这机会，各自冲进仔虫的肚子里游历去了。不料那小肚子的消化力却非常厉害，它们多在中道被勒死了。

然而，这之间，却有一种消化力不大强的仔虫，在它肚子里来了一位交了幸运的芽孢虫，逃过了难关，算是探险成功了。

> 过了一星期仔虫变成蛹。又过二三天这蛹变成一种特别的蚊子。看哪！它那一双美丽的翅膀，有多少的斑点呀！它停在平地上时又这样的害羞，低

---

① 指蚊子的口器，像一根极细的注射器针头。

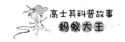

下头来，尾巴朝天呀！这就是今日疟蚊的品貌。

后几千万年地球上有了人类的气味了，母疟蚊就借养育它的蛋儿为理由，不时飞去吮人的血，不知不觉地把它口津里的芽孢虫送进人的微血管里去了。这芽孢虫就变成为今日吃血的疟虫。

它们既尝到人血的滋味，从此不肯放弃吃血的特殊权利了！

成长启示……给身上喷些驱蚊水，或者睡觉时使用驱蚊液，或者用维生素B_1泡水擦身，这些方法都可以减少蚊子接近你的机会。你还可以多吃胡萝卜、白菜、茼蒿、银耳、马铃薯等碱性蔬菜，这样你的体质及血液就会呈微碱性，蚊子是不喜欢叮的。

痰

说到"痰"，我们都不陌生。但是痰是如何来的？它会引发什么后果？应该怎么预防和治疗呢？也许你并不太清楚。看完下面的科学小品，你就会对痰有一个全面的了解。

请看历史的一幕："清康熙六十一年，帝到畅春园……病症复重……御医轮流诊治服药全然无效，反加气喘痰涌……翌日晨……痰又上涌格外喘急……竟两眼一翻，归天去了。"

我这篇科学小品就从这里开始。

痰是疾病的罪魁，痰是死亡的魔手，痰是生命

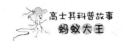

的凶敌，痰使肺停止了呼吸，痰使心脏停止了跳动，多少病人被痰夺去了生命。

人们常说："人死一口痰。"实际上不是一口，而是痰堵塞了肺泡、气管，使人缺氧、窒息，翻上来、吐不出的却只是那一口痰。

从宏观来看，痰的外貌是一团黏液。从微观来看，痰里有细菌、病毒、细胞、白血球、红血球、盐花、灰尘和食物的残渣。痰就是这些分子的结合体。

感冒、伤风、着凉是生痰之母，是生痰的原因。

气管炎、肺气肿、肺心病是痰的儿女，是生痰的结果。

咳嗽是痰的亲密伙伴，喷嚏是痰的急先锋，而哼哼则是痰的交响乐。

有了痰就会产生炎症，有了痰就会体温升高，这就导致急性发作或慢性迁延。

有了痰后应该积极进行治疗。自然首先是要服药，服中药中的化痰药：去痰合剂、蛇胆陈皮末、竹沥和秋梨膏。服西药中的化痰药：氯化铵、利嗽平，包括消除炎症的土霉素、四环素①、复方新诺明等药。一旦服药无效，情况严重，还要输液打针。常用的就是：青链霉素、庆大霉素、卡那霉素，必要时还要动用先锋霉素，当然，这要视是哪一种病菌在作怪而定。

然而，治莫过防；防患于未然，则事半功倍。怎样做到事先预防呢？第一，要预防感冒，小心不要着凉。传染病流行季节，不要到大庭广众中去。天气变凉时，要勤添衣服注意保暖。第二，一定要把痰吐在痰盂或手帕里。这一社会公德是为了避免病菌在广阔的空间漫游，产生更多进入人体的机会。不吸烟的人，不要去沾染恶癖。吸烟的人，一定要戒掉这生痰之"火"，否则，当你的生命进入中老年时期，就会陷入"喘喘"不可终日之中。

吸痰器也是人类和痰作战的有力武器。服药化痰固然是好，但光化不吸也是枉然。吸痰器的功能，就是要把痰从肺泡和气管中抽出来。自从有了吸痰器之后，老年人就不再愁患痰堵之苦。在有条件的情况下，甚至出外旅行也可以带着它走。

我希望在城市的每一条街道，在农村的每一个生产队，都备有这种武器，这是老年人的福音，它可以挽救多少条生命——使这些人在晚年的岁月中，为四化建设贡献自己毕生

---

① 科学证明，土霉素和四环素能导致儿童牙质发育不良和骨生长抑制，故儿童禁用。

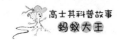

积累的宝贵经验和思想财富。

1982年2月

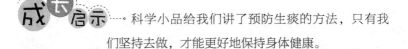

科学小品给我们讲了预防生痰的方法，只有我们坚持去做，才能更好地保持身体健康。

和癌症作斗争

胃癌、肝癌、食管癌、乳腺癌……只听到一个"癌"字，足以让人对生活失去希望。这样看来，谈"癌"色变也就不足为怪了。其实，科学先生们一直在抗癌的道路上不懈地努力着，他们也研究出了一些对付癌症的有效办法。一起去看看都有什么办法吧。

癌又叫做恶性肿瘤，它对于人类的危害性是不容忽视的。这病在人类历史上由来已久，科学家曾经在原始人的化石上找到它的痕迹，到了近世纪以来，它的侵略势力，越来越猖獗，这不能不引起医药界的严重注意。

癌是一群野细胞在人体上不停止地繁殖的结果，由于这

种恶性细胞的迅速繁殖，身体的营养被剥夺，造成新陈代谢不正常，给人体组织以毒害，使人食欲不振，精神疲惫，一天天消瘦下去，在严重的情况下，临近的组织受到了侵害，有的时候由于血液和淋巴的循环作用，把癌细胞带到人体的其他部位继续繁殖起来，使病人感到更大的威胁，这就更难医治了。

癌的发生原因，医学界的意见还不一致①。有的人认为是由于慢性刺激，这些刺激有的是物理性的，如来自机械和放射线等；有的是化学性的，如来自烟酒过度、煤焦油以及其他化学物品，都会引起肿瘤的发生。有的人把癌症归罪于病毒，这些看不见的敌人还是癌症的祸首哩。

但是癌症是否发生，还要看高级神经对于外界刺激的敏感程度如何，如果身体对于外界刺激的抵抗和适应能力强，癌症的发生就可以避免，反之，如果高级神经活动受了扰乱，就会加剧或恶化癌的症状，这些事实已由苏联科学家的试验得到了证明。

大约在50多年前，医学界就开始利用镭的射线来治疗癌症了，它能给癌细胞以致命的打击。②但是镭的来源稀少，价值又非常昂贵，使用上受到了限制，又因为它和其他天然放射性元素一样，蜕变得非常缓慢，不适用于人体的内部，

①　当代科学研究证明，癌症从本质上来说是一种基因病。
②　放射性治疗，也称放疗，是使用辐射线杀死癌细胞，缩小肿瘤。

如果镭在人体内停留上几年，它的射线将给人体带来难以估计的损害。因此，为了治疗的目的，科学家又发明了许多种新的放射性同位素，它们存在的时间非常短暂，不过几天，甚至于几个小时，这样就可以把它们当做普通的药剂使用，并且可以内服了。

目前镭的治疗作用，几乎完全被放射性钴（钴—60）所代替，它的价钱便宜，优点甚多。

由于苏联科学家坚持不懈的努力，把原子能应用于和平的目的取得了原子能科学的辉煌成就，这是苏联科学对人类的一个卓越贡献。在苏联大力援助下，我国原子能事业也蓬勃地发展起来了，第一座原子反应堆和回旋加速器已经建成，正在积极生产各种同位素，其中也包括放射性钴。

放射性钴是人类和癌症作斗争的有力武器，放射性钴的治疗机，是一台巨大的仪器，几乎有屋顶一样高。

这是一架远距离操纵"炮"，它不喷射强烈的火焰，也不发出雷鸣的声响，它装有相当于400克镭的放射性钴"弹药"，无声无息地放射出γ粒子，所以又取名做"γ治疗机400"。

医生发现一个可疑的癌症病人，就给他一杯无色无味的药水喝，这杯药水含有放射性磷，可以用做诊断病症的示踪

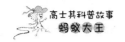
原子，恶性肿瘤所吸收磷的成分比正常组织要多一些，所以用计数器来测定放射性磷的分布量，就可以断定肿瘤在什么部位。

经过外科医生用手术把病人的肿瘤切除之后，即使剩下一个癌细胞，也会重新繁殖起来，使病症再发。为了避免这个麻烦，利用放射性钴进行手术后的辐射是有必要的。

这时候病人被关进治疗室里，医生在隔壁的房间里进行操纵，操纵台上亮着一个绿色信号灯，告诉："一切都准备完好。"

仪器的机架徐徐地降落在病人的身上，并且把射筒转向动过手术的部位。

在医生的操纵台上，红色信号灯亮了，这表示盛有放射性钴的小玻璃瓶已经进入了机架，辐射在进行中。

这种手术非常精确可靠，辐射完毕后，自动装置就会自己关闭仪器。

这种治疗方法，虽然不是每战必胜，但是辐射治疗的效果，给人们很大的希望和信心。

放射性同位素已经被成功地用来治疗舌头、下唇、眼睑和面部皮肤上的恶性肿瘤。

为了和癌症作斗争，不仅可以应用放射性钴，而且还可以采用放射性金、银、磷等同位素。

现在，在我们国内，在学习苏联先进经验的基础上，中西医合作正在寻找新的完全有效的药剂和方法来治疗和预防癌症。相信不久之后，一定会找到这样的药剂，能迅速地治好癌症，把危害人类的癌症一举歼灭，以保卫人民的健康，

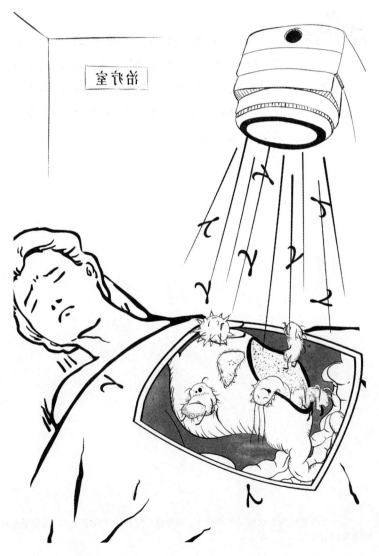

延长人类的寿命。①

1959年11月

成长启示……。虽然科学先生们在对付癌症上取得了一定的成效，但是仍有一些癌症像魔鬼一样夺走病人的生命，所以人类在癌症的治疗上依然任重而道远，我们都应该为战胜癌症贡献自己的力量，作为青少年的你也需要担起一份责任。

---

① 如今抗癌的方法除了手术治疗、放射性治疗和化学治疗以外，还有靶向治疗和免疫治疗等。

附　录

高士其致读者

> 学习也是一种战斗。
>
> 为了掌握牢固的知识，我们必须战胜学习的敌人。

战胜学习的敌人

我经常接触很多青年同学，他们都很真挚地和我谈起自己的理想，准备在祖国社会主义建设中大显身手。这种理想鼓舞着他们现在的学习。是的，我们应将这种高尚的学习志愿，贯彻到学习的实际活动中去。

学习的实际意义是什么呢？就是要掌握牢固的知识。

知识就是生产斗争和阶级斗争的武器，我们要在生产斗

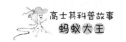

争和阶级斗争中取得胜利，不能单靠热情和勇气，还必须有
丰富的知识。知识也就是建设社会主义社会和共产主义社会
的力量。

学习也是一种战斗。为了要掌握牢固的知识，我们必须
战胜学习的敌人。

第一，我们要战胜自满情绪。

要掌握牢固的知识，就必须对于学习有坚强的信心，有
坚持不懈的决心。永远也不要因为自满而放弃学习。

知识的海洋是无穷无尽的，学习也是无止境的。不要以
为你已经知道了每一样事情，以为你再没有什么可学的了。
苏联92岁的老科学家泽林斯基在他生前曾写信给苏联青年
说："我学习了一生，现在，我还在学习，而将来，只要我
还有精力，我还要学习下去。"在1938年，当他已经是一个
白发苍苍的老人的时候，他热情地学习了当时新出版的联共
（布）党史，他说从这本书里，他得到了许多对他一切工作
都有帮助的知识。因此，他劝告青年们要不倦地学习、不停
止地学习。

第二，我们要战胜急躁情绪。

要掌握牢固的知识，就必须采取按部就班、循序渐进
的态度，不要好高骛远，不要急于求成。不论学习哪一门知

识，从一开始就要养成严格的循序渐进的习惯。

人类的知识，都是由浅而深，由近而远，由简单而复杂，由低级而高级，一步一步地发展起来的。所以我们必须依照认识发展的规律，一步一步地去学。没有把初步知识研究透彻之前，就不要去学习高深的知识；还没有充分了解前面的东西时，就绝不要动手搞后面的东西。奥斯特洛夫斯基对我们说过："青年同志们必须记住，想要连跑带跳地把过去的一切文化遗产都得着，那是办不到的。必须稳重地、顽强地、努力地工作。"

第三，我们要战胜一切困难。

知识的道路是崎岖不平的，学习的劳动是艰辛复杂的，但是其中的困难都是可以克服的。有的困难是主观的。例如，有的时候，所学的东西不容易懂，这就要我们开动脑筋多想一想，有不明白的地方，就要虚心请教，向老师和同学请教，向有经验的人请教。有的时候，感觉到所学的东西太枯燥无味而发生厌烦。这就要我们多方面联系实际，多做习题和进行试验，多看参考书和杂志，多接触周围的新鲜事物，以培养自己对学习的兴趣和扩大眼界，不要把自己关在狭窄的专业中。

另外一些困难，如学习安排得不好而感到时间不够，物质条件不好，也会妨碍了学习，等等。这方面的困难也是可

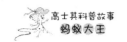

以克服的，我自己的经验，就可以证明这一点。

我是一个身体受疾病折磨了20多年的人。我除了在医院里进行治疗的时间以外，从来没有停止过学习。我的身体虽然将近瘫痪，但在党的关怀和同志们的帮助下，我仍然能坚持学习。由于我的动作不便、说话又不清楚，我的学习条件是非常困难的，我不能自己翻书，我有一个铁书架，摆在我的面前，在阅读书籍的时候，我的秘书同志就坐在旁边，帮助我一页一页地翻书。有的时候，我的眼睛犯病了，他就读给我听。有的时候，我也参加学习讨论会，我不能发言，就在事先准备好书面意见（由我一个字一个字口述出来，请我的秘书代我记录）。各种会议我都踊跃参加，除了出外参加会议以外，我整天都在有计划地读书和写作。从1953年春天起，我也参加了俄文学习。

我现在虽然不能进行科学研究工作，但仍然能从事写作，为科学普及工作而努力。在写作的过程中，我广泛地查阅了有关的科学参考资料，加以慎重的研究。还阅读了各种政治和文艺书籍，企图把科学和文学结合起来，把科学普及工作和共产主义实践更紧密地联系起来。这是我奋斗的目标，我就必须认真地学习。

第四，我们要战胜依赖思想。

要掌握牢固的知识，就必须培养独立思考的能力，不能依赖别人。要把书本上的知识，都融会贯通，变成自己所能理解和运用的东西，必须经过独立思考的作用，经过自己脑子的消化和吸收，这是不能由别人代办的。

这首先需要我们学会管制自己的意志，不让思想"开小差"，把注意力集中在学习材料上。

其次，就要正确运用自己的想象能力，不要什么东西都死背硬记，结果没有领会它们的真正意义。想象力能够帮助你理解问题，帮助你清楚地记住所学的东西。我自己小脑虽然有病，但是在学习俄文的时候，我都是用想象力来帮助记忆的。我不孤立地硬记单字，每遇到一个新的单字的时候，我联想到它和别个单字的关系。用这种方法来记忆是很有效的。

最后，还要我们创造性地思考问题。这就是说，要研究事实、比较事实、分析这一现象和另一现象的内部联系。不要对任何事情都一个劲儿地相信，要提出自己的意见和解释。不要怕破坏已经陈旧了的传统，特别是这些传统妨碍科学继续前进的时候。例如，我在写作科学小品的时候，必须掌握丰富的材料，对于每一种材料又必须加以研究、分析和整理，以评定它们是否根据正确的科学理论和试验，有没有违反辩证唯物论的原则。在必要的时候，我还克服一切行走不便的困难，必须到现场去亲身体验一下，绝不专门依赖别人的经验。

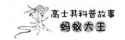

我们的学习，是为了创造。我们希望有更多的人都从事创造性的劳动，以提高人民的物质生活和文化生活水平，把我们国家建设成一个伟大的社会主义国家。

（原载1955年1月1日《青年报》）